北京科技大学　北京科学学研究中心 专家审定

（排名不分先后）

王道平教授　　　　　于广华教授
徐言东高级工程师　　孙雍君副教授　　卫宏儒副教授
芮海江副教授　　　　韩学周副教授　　杨丽助理研究员

| 全景手绘版 |

孩子读得懂的
未来简史

◎ 黄晶 著　◎ 张宇 绘

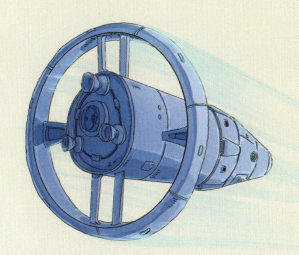
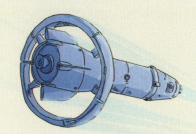

北京理工大学出版社
BEIJING INSTITUTE OF TECHNOLOGY PRESS

1 繁荣带来的麻烦："峰值"出现啦！　　// 02

2 地球变暖，打开了极端气候的
　"潘多拉魔盒"　　　　　　　　　// 04

3 我们呼吸的空气也会变坏？！　　　// 06

4 蓝胖子也会缺水吗？　　　　　　　// 08

5 海洋生病了　　　　　　　　　　　// 10

6 我们的盘中餐变少了　　　　　　　// 12

7 找出土地污染的幕后黑手！　　　　// 14

8 把安全的家园还给野生动物　　　　// 16

9 3D打印技术横空出世　　　　　　　// 18

10 "小"纳米的大用途　　　　　　　　// 20

11 未来的用水模式　　　　　　　　　// 22

12 未来的农场　　　　　　　　　　　// 24

13 新能源大汇演　　　　　　　　　　// 26

14 云上生活　　　　　　　　　　　　// 28

15 智能化家居环境　　　　　　　　　// 30

16 基因蓝图——基因可以人为改变啦！// 32

17　生机勃勃的灭绝物种实验园　　　// 34

18　欢迎进入神奇的"生物砖"超市　　// 36

19　和堵车说"bye bye"　　　　　　// 38

20　"移步换景"黑科技带你穿越时空，
　　见证历史　　　　　　　　　　　// 40

21　欢迎参观"微米机器人生产工厂"　// 42

22　生病了！血管里的"隐形医生"出动！// 44

23　未来的美容和健身　　　　　　　// 46

24　脑机接口：用意念控制机械装置　// 48

25　培养皿里长出了器官　　　　　　// 50

26　未来人类的寿命问题　　　　　　// 52

27　人类太空工程　　　　　　　　　// 54

28　未来的太空旅行　　　　　　　　// 56

29　月球尘埃中藏着超强能量　　　　// 58

30　探访更多类地行星　　　　　　　// 60

31　和外星人交朋友　　　　　　　　// 62

32　神奇的虫洞之旅　　　　　　　　// 64

繁荣带来的麻烦："峰值"出现啦！

我们的"蓝色星球"正在进入"工业2.0时代"。推动时代进步的动力之一居然是——石油！黏稠的、深褐色的液体，是沉睡在地底深处的"液态黄金"。有了石油，我们的生活便捷了很多：交通便利，可以想去哪里就去哪里；工业高度发达，有了种类繁多的商品；物流便利，让这些商品可以通过快递快速送到我们手中……这些都离不开石油，可以说，是石油让地球热闹、繁荣起来了！

人类对石油的利用历史悠久，1000多年前，宋代大科学家沈括就曾预言，"此物后必大行于世！"果不其然，工业革命开始后，各种现代交通工具陆续问世，石油成了人类衣食住行离不开的宝！

石油了不起的用途！

- **牙刷**：几乎所有的塑料都是石油产品。
- **润滑油**：许多润滑油里面90%的成分是石油。
- **汽车**：汽车、轮船、飞机等交通工具和机械都离不开从石油中提炼出的燃油。
- **柏油马路**：修建柏油马路的沥青也是石油加工过程中的一种产品。
- **衣物**：我们衣物面料中的化学纤维大部分是用石油生产的。
- **西药**：石油还能入口，西药里的苯（bèn）成分就是从石油中提取的！还有一些色素、食用蜡也是从石油中炼制提纯得来的！
- **球拍**：石油是制作合成橡胶的主要原料。
- **化妆品**：化妆品成分中的石蜡、香精、染料等很多成分都是从石油中提取的。
- **肥皂**：洗涤剂、肥皂等去污产品，也需要用到从黑乎乎的石油中提取的表面活性剂。

石油被我们"呼来唤去"，直到有一天……

石油"峰值"出现啦！

石油的用途越来越广，人类也开始越来越多地开采石油！然而，石油是一种不可再生的资源，总有一天全球石油开采量会达到最高点，也就是曲线图中的"石油峰值"。从这以后，石油的开采量会逐年下滑。

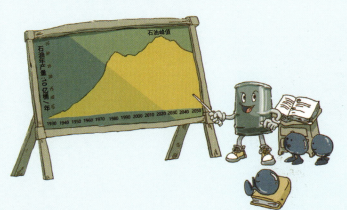

石油为什么会出现"峰值"呢？

❶ 需要石油的地方太多啦！人类还在不断开发石油的新用途，比如用石油做杀虫剂、地毯、电子设备等。

❷ 研究表明，石油的形成至少需要200万年的时间，而2019年年底全球探明石油储量约为2446亿吨，以当前的开采量计算，仅够开采将近50年。

❸ 连石油的兄弟，住在油砂和油页岩中的非常规石油，也出现了"峰值"！

"我希望人类可以珍惜我,减少开采量,并开发新的清洁能源来接我的班。如果你觉得这很难,先来看看我的形成有多难!

"我也不知道我是怎么产生的,因为我几乎都是在沉积岩中被发现的,而沉积岩中又有大量的古生物遗迹,所以人们猜测我是这样生成的——"

❶ 4亿年前的寒武纪时期,地球上生存着许多浮游生物。水流将死去的生物遗体搬运到低洼地带沉积下来,逐渐形成沉积层。

❷ 沉积层越积越厚,强大的压力加上地球内部的地热等作用,部分生物残骸发生化学反应,形成石油。

❸ 基于地质运动等原因,流体的石油会穿过裂缝或疏松的岩石层向上运移(所以石油在地下的储藏地往往不是其"诞生地")。

❹ 运移导致石油在储集层中相对密闭的位置富集,形成油气藏,也有一部分石油在运移过程中直接消散了。

石油还有些难兄难弟,也将出现"峰值"!

石油的大量燃烧,产生一种叫"二氧化碳"的气体。这个家伙最大的本事就是导致大气温室效应,拉着碳排放量冲向峰值!

使碳排放量冲向峰值的还有一个推手,就是煤炭!煤炭的使用历史可比石油早多了,人类在3000多年前就开始使用煤炭啦!后来,不光工业需要煤炭,百姓的日常生活也需要煤炭,煤炭的全球需求峰值预计在2030年前后出现。

还有很多"小伙伴"也将出现峰值,地球遇上大麻烦啦!

"峰值"一词本身不是坏事,有了峰值这个概念,就有了明确的节点,提醒人们保护地球,不要浪费,开发可再生能源,等等。各行各业要齐心协力,在达到峰值之前找到解决问题的好办法。小朋友们,也一起来开动脑筋吧!

2 地球变暖，打开了极端气候的"潘多拉魔盒"

石油、煤炭、水、森林、金属等资源出现"峰值"，会给地球带来很多麻烦，这些麻烦让地球急出了"一脑门儿汗"，后果之一就是地球变暖！

地球变暖可不只是像人的体感温度上升那样简单，它会打开"潘多拉魔盒"，放出许多"魔鬼"——极端干旱、极端降水、极端高温、极端低温等极端气候。而极端气候又会导致海平面上升、永久冻土层融化、粮食减产等诸多问题。

极端降水的出现更密集。全球变暖让海洋拥有更多热量和水汽。在海平面形成的台风本来就是个贪心的家伙，它会聚集很多能量、水汽，成为极具破坏力的超强台风和飓风。

极端干旱频发，在原本就干旱的地区，人们找水更加困难了。

极端低温。北极地区冰川融化导致大量淡水注入北大西洋，海水盐度降低，北大西洋暖流流速减慢，不能正常影响北半球高纬度地区气候，欧洲的冬天会越来越冷。

极端高温、热浪。酷暑已然成为夏日的新常态，不断上升的平均温度和频繁出现的高温、热浪正在严重影响我们赖以生存的环境。

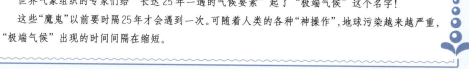

"极端气候"名称的由来

世界气象组织的专家们给"长达25年一遇的气候要素"起了"极端气候"这个名字！

这些"魔鬼"以前要时隔25年才会遇到一次。可随着人类的各种"神操作"，地球污染越来越严重，"极端气候"出现的时间间隔在缩短。

极地冰川融化，北极熊等动物的生存空间缩小。

是谁让我们遭遇恶劣天气？

高温、洪水、暴雨、台风、干旱这些恶劣天气常常拜访，说明极端气候已经肆虐全球了。而这些恶劣天气很多是人类自己一手造成的。

人类大量开采和利用石油、煤炭等化石燃料，让衣食住行更舒服的同时也在向大气排放大量的二氧化碳、臭氧、甲烷（wán）等温室气体。正是这些温室气体让地球持续变暖。

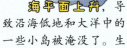

海平面上升，导致沿海低地和大洋中的一些小岛被淹没了。生态的失衡，还会导致大规模的物种灭绝。

❶ 汽车尾气和工业废气超标排放，导致大气中的温室气体超标。

❷ 乱砍滥伐和森林大火导致地球之肺的造氧能力降低。

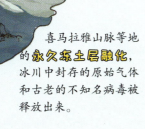

喜马拉雅山脉等地的**永久冻土层融化**，冰川中封存的原始气体和古老的不知名病毒被释放出来。

❸ 海洋中漂浮的大量固体垃圾和发生在海洋中的重大漏油事件，导致海洋生态环境恶化。

❹ 太阳黑子活动和火山喷发等自然因素也会导致地球气候异常。

"共建美好未来公约"

或许你会觉得这些极端气候离我们的生活有些远，但极端天气导致的高温中暑、房屋倒塌、庄稼被淹、停水停电、传染病肆虐等，可离我们一点儿也不远！

小朋友们，让我们做个约定："把麻烦当成动力，共建保护地球工程，在未来用科技手段保证能源、用水、粮食等资源供应的同时，恢复地球正常能量平衡，共建美好未来。"

3 我们呼吸的空气也会变坏？！

咳咳！你们还让不让神仙活了？

下面的亲！少制造点大气污染物可好？

好久好久以前，嗯！大约100年前吧，我还不是这样的！

我们先来看看健康的大气是什么样的：

大气是什么？

大气是地球空气的总称，就像给地球穿了一层透明的外衣。

健康的大气是什么样子的？

健康的大气含有20.9%的氧气，78.1%的氮气，0.93%的氩(yà)气及少量的二氧化碳、稀有气体和水蒸气。

小朋友们记住呦，健康的大气能够保证我们的呼吸，也能起到给地球保温的作用。

可是现在的空气质量并不是很好，我爷爷经常咳嗽，总怪空气。

那是因为呀……

大气污染，顾名思义就是干净的大气被自然污染和人为污染的现象。造成大气污染的原因有很多，人类制造出来的大气污染物是加剧大气问题的主要原因。

"自然污染"是由火山喷发、地震活动、森林火灾等自然现象引起的，它们会造成不同程度的烟尘、硫氧化物、氮氧化物污染。

"人为污染"是指由人类生活燃煤、工业生产、交通运输等活动引起的二氧化硫、一氧化氮、二氧化氮、光化学烟雾、粉尘、烟液滴、雾霾、降尘、飘尘、悬浮物等污染。

"100多年前，蒸汽机问世后，人类进入了前所未有的快速发展时代，林立的工厂打破了地球碳氧平衡。工厂排出的黑烟和交通工具排放的尾气，导致大气被污染了，成了现在这副样子！"

不能说完全无污染，但因为生产力水平低下，产生的影响可以忽略不计。

农业时代

蒸汽机出现了，人们开始大量砍伐森林、建设工厂，空气渐渐被污染。

各种人类活动导致大气污染状况频发，对地球环境和人类生活产生不好的影响。

工业时代

06

人为污染物也有大家族!

造成大气污染的人为污染物非常多!还真得好好分分类,才好各个击破!

大气博士小课堂 / 废气污染 / 光化学污染 / 悬浮微粒物污染
煤炭、石油等化学燃料的燃烧 / 汽车尾气 / 工业生产、建筑和交通扬尘

大气污染的影响

调皮的二氧化硫偷袭了云层,降下酸雨。酸雨范围内的庄稼遭了殃,建筑被腐蚀,行人的健康受到了影响。

雾霾导致能见度降低,人们抬头只能看见灰蒙蒙的天,飞机无法正常起飞,还会缩短精密仪器的使用寿命。

人类活动产生的水汽、二氧化碳、氮氧化物等会给地球罩上一层"罩子",吸收过量的长波辐射,让地球变成一个"温室"。

工业废气和汽车尾气中的碳氢化合物、氮氧化物等在紫外线照射下会生成淡蓝色的刺激性烟雾。光化学烟雾会导致人出现眼睛干涩、气喘、咳嗽等症状。

多诺拉烟雾事件

1948年10月,美国的宾夕法尼亚州多诺拉镇发生了一起严重的大气污染事件——多诺拉烟雾事件。小镇的工厂生产排放出的废气中含有二氧化硫等有害物质,反常的气候因素导致这些有害气体聚集在位于山谷底部的多诺拉镇积存不散。小镇及周边的人们因为在短时间内吸入了大量的有害气体,出现了各种症状:眼睛痛、喉咙痛、头痛胸闷、呕吐、腹泻等。在一周时间里有20多人死亡,近6000人身体状况受影响。这起事件被认为是"美国历史上最严重的空气污染灾难之一"。

新的大气污染类型

魔高一尺,道高一丈!科学家可不怕它们。

我一定要运用科学手段抓住你们的小辫子,将你们打回原形!

治理大气污染,1、2、3……

1 我们有秘密武器——净化装置。工厂的排放物经过净化装置的脱硫、除尘、冷凝、液体吸收后,不仅可以做到减少污染排放,还能有效回收再利用。

我是核试验、航空航天、医疗等活动产生的放射性核污染,在空气中形成放射性气体或气溶胶状物,会导致人类脏器受损、生物变异等。

2 使用清洁能源代替化石燃料。风能、水能、太阳能都是我们的能量源泉。

空气中的污染物粒子、二氧化硫等和雨水产生化学反应,变成复合型大气污染物!与传统单一型大气污染相比,我的控制因子较多,治理难度也较大。

3 还有我们,我们树林可是扼制扬尘、烟尘的有力助手!大气污染物正好让我们饱餐一顿!

现代

人们意识到空气污染问题的严重性,开始采取措施保护环境。

未来

4 蓝胖子也会缺水吗？

我们的地球被称为"蓝色星球"，是一个表面 2/3 被水覆盖的"蓝胖子"，它为什么也会缺水呢？

接下来，我们来看一组数字，让数字说话：

"蓝胖子"的水有 97.5% 是咸水，淡水只有可怜的 2.5%。这 2.5% 的淡水中还有 69% 被永久冻土层"封印"着。

我们能使用的是从湖泊、溪流、降雨、融雪、地下蓄水层等途径来的 31% 的淡水。

其中又有 70% 用于农业生产，22% 用于金属、化工、造纸、电子元器件生产和发电等工业生产，日常用水只有剩下的 8%。

地球上的淡水资源不仅量少，还因为地理环境等因素存在空间分布不均匀的状况。

非洲有 3/4 的地区分布在南、北回归线之间，地形以高原为主，导致一半以上的地区终年干旱，水资源匮乏，许多人因为喝不上干净的水而生病。

在拥有 14 亿人口的中国，人均水量也不富裕，属于轻中度缺水国之列。中国北方地区更是因为近年来工业、农业用水激增导致地下水位下降，成为严重缺水地区。

水污染类型有哪些?

工业废水
冶金厂、电镀厂、造纸厂等工业污水排放是造成水污染的首要原因,这些工厂在生产、冷却过程中会排放大量含汞、铅、镉等重金属的工业废水。

水输送污染
从水源地到水龙头,自来水的这一路也是风尘仆仆,极容易在途中受到污染,携带一些铁锈、铅等杂质。这些杂质超标的水是不能喝的。

固体废弃物引起的水污染
固体废弃物本身很多是易溶于水的污染物,被水冲、雨淋直接变成污水到处流,极易滋生寄生细菌、病毒等病原微生物。

农业污水
农民伯伯在农田里使用的农药、化肥,一部分农药残留会顺着地下水和雨水流到湖泊、河流里,导致水中的氮、磷等元素超标,生出大面积"蓝藻水华"。

生活污水
我们洗澡、洗菜制造的生活污水中不但有化学制剂,还有蛋白质、碳水化合物、脂肪、尿素及氨、氮等的化合物,处理不当也会造成水污染。

水污染的危害有哪些?

- 误喝了被污染的水,会出现各种不适状况,严重时会危及生命。
- 如果排放的污水超出了水域的自我净化能力,河流和湖泊就会发黑、发臭。
- 水中的病毒、寄生虫会引发各种传染病、寄生虫病。
- 鱼、虾等生物喝了污染水会死亡、变异,也会间接影响人类健康。
- 富营养物质会导致水中藻类疯长,使水下生物因缺氧而死亡,最终导致湖泊"老化"。

中国古代治理水污染的小妙招

人们很早就注意到,污水直接排放到河湖中会引起水质污染。中国在商代就建立了废水统一排放系统,用于回收粪水、废水再利用等。

唐代更是制定了相关法律,《唐律疏议》中记载,乱泼污水、乱扔垃圾者,一经发现将面临杖责六十的处罚。

早期的排污沟是百姓借助大大小小的石块、砂砾、泥土建造而成的排污水道。

古代的护城河不仅是具有防御功能的军事工程,还具备排水去污、消防储水的功能。

如何保护珍贵的水源?

1. 回收处理工业废水。
2. 建造海水淡化厂。
3. 合理利用冰川融水。
4. 发明节约水的洗涤和卫生设施。
5. 使用环保材料,避免自来水输送过程中的二次污染。
6. 生物防治农田虫害,避免农药污染。
7. 定期对水体寄生虫、微生物灭活。
8. 垃圾分类,科学处理。

5 海洋生病了

什么面朝大海！明明就是个大垃圾桶！

面朝大海，春暖花开！

还有脸说！不都是你们造成的？

全球的江河中每年约有 4 万立方米淡水汇入海洋，这里面含有大量悬浮物质、溶解盐类和难以计算的汞、铜、铬、锰、铁等金属物质，破坏了海洋的生态系统不说，还把海洋变成了一个"大垃圾桶"！

海洋是生命的起源地，也是生物圈的最底部，千万条江河带着大量污染物归于大海。污染物集中到这里无处转嫁，海洋成了最终的"大垃圾桶"！生活在海里的 200 多万种"居民"遭了殃，最终危害的还是人类……

赤潮

赤潮不是潮水，也不只有红色。人类向海洋中排放大量含氮和磷的污染物，导致海水富营养化，海水中某些浮游植物、原生动物或细菌爆发性增殖，引起水体变色，就出现异常的赤潮、褐潮、绿潮等水华现象。赤潮还会消耗水中的氧气，让海中居民窒息而死。

马来西亚发现的双头海蛞蝓（kuò yú），成为海洋污染所导致的畸形动物。

放射性物质

早期的核电站事故和在水下进行的核爆炸试验，导致 200 多种放射性物质进入海洋。

《防止倾倒废物及其他物质污染海洋的公约》

每年约有 100 万只海鸟和 10 万只海洋哺乳动物因塑料污染而丧生。

被尼龙绳勒住身体的小海豹

海洋的历程

40 亿年前，地球表面开始冷却凝固，大气凝结成水蒸气落下，聚集成海洋。

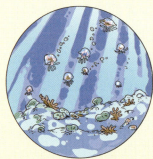

32 亿年前，海洋有了第一批原始居民——细菌和蓝藻。

4 亿年前，无颌（hé）类等最原始的水生鱼形脊椎动物出现啦！

现在，海洋居民多达 200 多万种，从最小的单细胞生物到超过 190 吨的鲸都遨游其中，是个庞大的家族。

1946—1980 年是海洋核污染的黑暗时代！美、英、日等国家将放射性污染物装进不锈钢桶中投放到太平洋、大西洋 4 000 米以下的海底，总共投放了约 100 万桶里。这些核废料罐就像不定时炸弹，一旦发生泄漏，后果不堪设想。

疯狂繁殖的水藻
我来帮你一把！
塑料
金属
固体垃圾
黏糊糊的油污
我要还击！
惨兮兮的海洋

人类给海洋造成的伤害已经超过了海洋自身净化能力的极限！在风的助力下，海洋用这些垃圾狠狠地向人类还击！

化肥农药污染
化肥农药污染让汞、铜、有机氯、多氯酸苯等有害物质通过河流进入海洋，给海洋居民加了有毒的化学餐。

石油污染
航运和海上钻探都会导致一定量的石油和附带的有毒废物进入海洋中。石油污染会在海面形成一层"油膜"，破坏海洋生态环境，导致大量海洋居民死亡。

海洋垃圾倾倒
虽然有国际公约的约束，但每年仍有大量垃圾被偷偷倾倒进海洋！

海水酸化
海水在和大气进行气体交换时，会吸收一部分大气中的二氧化碳，浓度超标时就会出现海水酸化，一些海洋居民的身体和甲壳因此被腐蚀。失去了保护身体的盔甲，它们该如何生存呢？

大哥，你的快递到了……

太平洋最大的垃圾漩涡
这里是远离陆地的海洋中心，因为洋流的影响这里也被污染物波及，数百万吨被海水冲来的塑料垃圾聚集于此，形成一个巨大的"垃圾带"。

海洋污染大事记 ▶

石油污染

1991年，海湾战争期间，伊拉克军队为了阻止美国海军登陆，打开了海上石油码头的阀门，并驾驶几艘油轮向海上倾倒石油，导致波斯湾一带的海面蒙上一层厚厚的油膜。

赤潮

2020年11月，俄罗斯堪察加半岛的哈拉克特尔斯基海滩上涌来一滩堆的黄色泡沫，大批海洋生物的尸体被冲上海滩。

有毒物质累积
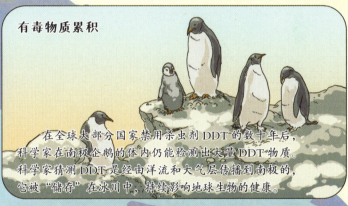
在全球大部分国家禁用杀虫剂DDT的数十年后，科学家在南极企鹅的体内仍能检测出大量DDT物质。科学家猜测DDT是经由洋流和大气层传播到南极的，它被"储存"在冰川中，持续影响地球生物的健康。

塑料污染

摄影师Chris Jordan在太平洋中途岛拍下一组信天翁尸体的照片，这些海鸟的尸体腐烂之后，露出大量没有被消化的塑料瓶盖、旧打火机等。

核污染
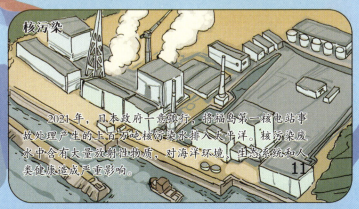
2021年，日本政府一意孤行，将福岛第一核电站事故处理产生的上百万吨核废水排入太平洋。核污染废水中含有大量放射性物质，对海洋环境、生态系统和人类健康造成严重影响。

11

6 我们的盘中餐变少了

悄悄流走的不只是时间，还有妈妈淘米时不小心漏下的小米粒，它们有的随着淘米水一起流进了下水道，失去了存在的意义。怎么能不珍惜这么宝贵的粮食呢？小米粒生气了，要离家出走，让你们知道缺少粮食的危机！

粮食危机一直是困扰人类发展的一大难题，尤其是近四十年来，随着全球人口激增和气候变化、土质恶化、产能下降、价格飙升等因素带来的粮食短缺的恐慌让人们产生了危机感。2009年，全球饥饿人口有10.2亿人，达到历史最高水平。

第一站：农贸市场

农贸市场是粮食的集散地。这里会出售来自世界各地的粮食，也是人们能直接接触大量粮食的地方。眼前花样繁多的粮食品种和数量迷惑了人们的双眼，使人们看不见全球性耕地面积减少、粮食短缺的大危机。

> 怪不得你们不珍惜我！原来是因为现在粮食种类太多了！

第三站：发生山洪的山地

参观过现代化农田后，小米粒跟随登山爱好者的脚步来到了某处山区。这里不久前发生过一场泥石流。山地可开垦的面积少，人们在山上建了梯田。为了种植粮食，这里的人们大量砍伐森林、植被，原生植被受到严重破坏。一场暴雨的到来，让山下的村民损失惨重。

第二站：开垦的农田

保证粮食供应的手段之一就是开垦更多的耕地。事实上，从古文明时期人们就是靠这种办法来解决粮食危机的。增加耕地面积加上现代机械化生产，确实能有效缓解粮食短缺的状况，但这里也藏着粮食危机的隐患。开荒意味着要侵占森林、湖泊的面积，原始的生态平衡就会被打破，这些又会反过来影响粮食的产量。

第四站：被工厂侵占的耕地

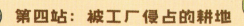

事实上，即使一直在开垦，耕地面积还是每年都在变少。因为城市工业、建筑用地的扩张，大片的农田被占用了，耕地面积正以每年10万平方千米的速度流失，优质粮田更少了。据世界粮农组织不完全统计，全球耕地面积约为18.29亿公顷，人均耕地面积只有0.26公顷。

耕地的减少导致很多国家的粮食依靠进口，工业的发展导致从事农业生产的人变少，形成了粮食短缺的恶性循环。

第五站：虫灾祸害的农田

参观完工厂后，小米粒还想去别的地方看看。它骑上了飞鸟开始旅行，途中迎面遇上了一群蝗虫。蝗虫是公认的粮食克星，大量的蝗虫过境会吞食庄稼，寸草不留。幸好，小米粒搭乘的"飞鸟航班"叫声与蝗虫的天敌相似，小米粒这才逃过一劫！

用害虫的天敌治虫灾不失为一种好办法，我国在明清时期就已经有养鸭子成功对抗虫灾的记载。

第六站：骑着飞鸟继续旅行

躲过一劫的小米粒骑着飞鸟来到了马来西亚的沿海地区，这里的红树林遭到了大面积的破坏，许多栖息在这里的野生动物当砍伐植被的电锯声响起时就停止了心跳。动物是传播花粉、播种种子的快递员，若它们缺席了生物链，影响可不是一点点。

红树林大面积被砍，蝙蝠等动物活活饿死，榴莲缺少了传播花粉的快递员，产量大幅度下降。

第七站："重度饥饿"的印度

安慰完无辜受连累的榴莲兄弟后，小米粒再次上路了，这次它飞到了"重度饥饿"的印度。

这里人口众多，生产效率又低，导致很多人都吃不饱。然而，他们的粮食却在大量出口，这是因为他们的粮食分布不均匀，粮食大量集中在富人手里，用来赚钱，用来换取外汇，穷人却买不起粮食，吃不饱。

不仅印度存在粮食分布不均的状况，全球的国家间也存在这个问题。在粮食贸易上，美国、澳大利亚、巴西等国处于垄断地位，而在印度、埃及这样人口众多的发展中国家，粮食很多要依靠进口，被人扼住了咽喉。

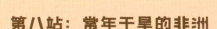

人口问题

印度总人口在2020年时为13.8亿，是世界人口第二多的国家。目前全世界的总人口超过70亿，且以每年超1.8%的速度增加。

用全球18.29亿公顷的耕地面积解决仍在不断增长的全球人口吃饭问题，是个不小的挑战。

我要在这里扎根，喂饱他们！

第八站：常年干旱的非洲

小米粒旅行的最后一站落在非洲大地上，这里有更多缺少粮食、忍饥挨饿的人。

长年的干旱，加上战争、蝗灾等因素，导致这里出现了重度粮食危机，威胁着非洲数百万人的生存和发展。

解决粮食短缺的妙招

❶ 保护生态环境，合理利用有限耕地，借助高科技手段让粮食增产。
❷ 通过优厚的政策帮助农民增产增收，减少农业人口的流失。
❸ 升级仓库，用更大、更完备的粮库储存应急储备粮，以应对危机。
❹ 加强国际援助，互通有无，帮助爱好和平的人们吃饱、吃好！
❺ 消除国家间不公平的粮食贸易。
❻ 从你我做起，珍惜每一粒小米粒吧！

8 把安全的家园还给野生动物

我们人类只是地球千万种生物中渺小的一员！

人类活动造成的生态破坏，危害着人类自身，也扼住了地球上其他生物的咽喉！

冰川融化，北极熊等动物的活动区域缩小。

湖泊水质变坏，水藻、水虱泛滥，使大鲵(ní)、江豚等珍稀动物喘不过气来。

就连高原上都出现了种汞等有毒污染物，还有臭氧层变稀薄等情况，这些是导致藏羚羊、高原兀鹫(wū jiù)和雪豹等高原特有物种濒临灭绝的原因之一。

空气污染，导致盆地地区酸雨频繁，动物出现畸形。

沼泽生态被破坏，鸟类失去了天堂，芦苇等水生植物枯死，天鹅盘旋在干裂的泥沼上空不敢落下。

动物正在遭受哪些危害？

鲸鱼遭到了远洋捕鲸船的猎杀。

海洋石油污染粘住了鸟类的翅膀。漂浮在海水中的塑料袋、尼龙绳套住了海龟等海洋生物，束缚了它们的成长。

近海、沿海红树林失面积被砍，海岸线坍塌，一些海洋动物失去了良好的生长发育环境。

热带雨林起火了，一部分鸟儿和动物逃离了家园。幸存下来的动物无处觅食，食物链断裂。

沙漠干旱地区的象和犀牛都快渴死了。

人类干预对动物的杀伤力有多大？

16世纪以前，人们用弓箭、陷阱、土枪等传统工具捕猎，猛兽靠速度和力量还能和人类抗衡一下。那时候人类活动对物种灭绝的影响大约是使物种每1000年灭绝1种！

16世纪，猎枪的出现和狩猎活动在贵族阶层的盛行，让很多动物永远离开了我们！酷爱狩猎的爱德华七世曾肆意猎杀受保护动物，乔治五世曾将640多头象当作他的私人坐骑。

生态破坏是野生动物真正的灭顶之灾。20世纪70年代，享有盛名的松江鲈鱼因为洄游路线被造闸建坝破坏，加上生活环境被工业废水污染，几近灭迹。

现在，全世界每天约有75个物种灭绝，累计已经有100万个物种从我们的地球家园上消失，白鳍豚、小头鼠海豚、星鼻鼹鼠、苏门答腊虎……很多动物我们还没来得及认识，就已被列入极危物种行列。

这些可爱、可怜的小动物，你知道几个？

Hello! Hello! 我是**星鼻鼹鼠**！花容月貌的我鼻子周围开着一朵小花呢！我喜欢用它在潮湿的土地中寻找蚯蚓，这些软体动物是我最爱吃的"奶酪"呀！可现在大量乱扔的电子垃圾让我的食物开始短缺，也许有一天，我会因为找不到吃的而濒临灭绝。

我是穿越时空而来的**旅鸽**，很遗憾现在世界上已经没有我的身影了！回想起来，19世纪算是我们的高光时刻，那时我的家族成员有50多亿只，起飞时就像刮起一阵龙卷风。不幸的是，我们的美吸引了人类的注意，很快就遭受了灭顶之灾。

黑喙、褐色飞羽、赤足、通身雪白，我是优雅的中国一级保护动物**东方白鹳**（guàn）。因为沼泽、湿地大面积减少，我的栖息地也越来越少。2009年，我们的族群仅剩下不到3 000个成员了，救救我们！

我是**大鲵**，三亿六千万年前我的祖先们就生活在地球上了，我的家族熬过了陨石撞击、熬过了恐龙灭绝延续至今，然而，今天我们可能熬不过乱挖河道和不合理的水利工程造成的生活环境大变化。

我是世界上最小的鼠海豚——**小头鼠海豚**。我最爱吃甲壳动物和乌贼！这些年的海洋污染和渔业活动导致我们的数量锐减，如今全球范围内只有不到30只，我也只能和人类玩起了捉迷藏。

我是人类的近亲——**黑冠长臂猿**！可人类也没善待我。50年前在海南岛的森林中还有2 000多只我的同族，然而随着人类过度开发、毁林开荒，如今只剩下约30只了。

咩！我是长相特别俊俏的**盘羊**，我可以生活在海拔7 000米以上的高原上。我的生命力很顽强，在植被稀少、气温很低的地方也能生存。可耐不住人们把我漂亮的角当成战利品，让我的族群一度锐减。

还野生动物一个安全的家！

❶ 保护野生动植物栖息地。
❷ 建立救护和繁殖野生动物种群的专门机构。
❸ 加强宣传，提高人们对保护野生动植物重要性的认识。
❹ 完善《野生动物保护法》，严厉打击偷猎等犯罪活动。
❺ 使用可再生资源，保护环境。

9 3D打印技术横空出世

我发明3D打印技术是为了商业目的,然而3D打印的材料和制造方式确实能节约能源、保护环境,3D打印对环保的贡献藏在打印机、PLA材料里。

我就像是掌握了法术的小仙女,拥有颠覆未来建筑、设计、医学、教育、美食等领域的力量。

3D打印技术之父 查克·赫尔

3D打印技术的发展历程

1986年,查克·赫尔发明了第一台3D打印机。

1995年,美国Z Corp公司得到了专利授权,开发了家用3D打印机。

3D打印是如何改变世界的

亲!想要什么?我发你原料清单和建模数据呀!

商家

购物

买家

3D打印让商家不必大规模囤货,减少存储和运输压力。

3D打印机的结构和工作流程

❶ 3D打印前,需要在计算机上用软件生成物品的三维模型。

❷ 将模型文件处理为打印机可识别的多层薄片模型文件。

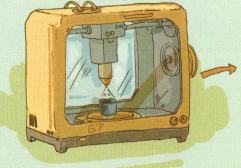

❹ 3D打印机的喷头会沿着分层线路移动,喷出灼热的PLA材料。

❸ 绕在线轴上的PLA线圈是3D打印的材料,它就像是传统打印中的油墨。它是一种可再生、可降解的环保耗材。

❺ 打印完一层后,放置物体的平台会微微向下移动,让喷头开始打印下一层。经过一层一层地堆叠,模型就被堆叠出来了。

❻ 打印结束后,将模型放入丙酮溶液中浸泡,可以让打印出来的模型更有光泽。

利用3D打印技术重建已灭绝生物的模型,栩栩如生,便于人们更好地认识它们。

生物

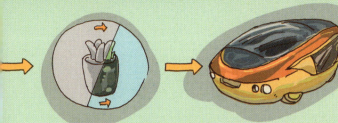

2005年，3D打印机有了彩色打印功能。

2010年，美国的Jim Kor团队打印出世界上第一辆3D打印汽车Urbee。

2012年，3D打印进军医学界，苏格兰科学家利用人体细胞打印出人造肝脏细胞。

2013年，3D打印进军艺术界，艺术品"ONO之神"被创作出来。

2019年，全球首颗有血管、心室和心房的"完整"心脏被打印出来。

国外某一建筑事务所计划回收海洋塑料垃圾作为3D打印材料，建造海洋大厦"水母"。这个办法既开拓了海洋空间，又对抗了海洋酸化等环境问题。

建筑

未来还可以发射3D打印设备到火星上，就地取材搞基建，为火星移民做准备。

太空基建

个性化私人定制，想穿什么就打印什么。

衣服

未来的3D打印机器人出现故障时，可以自己打印身体零件进行维修。

机器人

材料

波音系列飞机上用的3D打印"微晶格"是目前最轻的金属材料，一株蒲公英都能轻松托起它。

由此看来，3D打印不仅能掀起制造业的革命，还能有效缓解石油等能源峰值出现带来的问题，帮助人们战胜大气污染和温室效应。

为什么3D打印这么受欢迎？

❶ 3D打印是就地打印，可以省下物流运输的费用及运输过程中的燃油消耗。物流减少，运输造成的尾气排放也能相应减少。

❷ 随着3D打印逐渐替代传统工业生产、建筑活动，空气中的粉尘等悬浮颗粒物也减少了。

❸ 用3D打印技术生产衣服、鞋子和塑料包装，不仅能降低资源消耗，可降解材料还能保护环境，两全其美！

❹ 3D打印按照数据建模打印物品，大大降低了生产过程中的原料浪费，也是控制稀缺原料达到峰值的好办法。

❺ 科学家正在研究如何提取大气中的氢气和氮气，它们可以在3D打印不锈钢材料中作为保护气体。提取大气中的氢气和氮气还能有助于给地球降温，缓解温室效应。

10 "小"纳米的大用途

你注意到了吗？

池塘里的荷叶具有神奇的疏水性能，雨滴落在荷叶上会快速聚成圆滚滚的水珠滚来滚去，荷叶却不会被浸湿。这是因为在荷叶的表面有着非常多的微米乳突，组成纳米或微米级的超微结构。荷叶就是靠着这种独特的叶面结构保持干净、清爽的。科学家们从荷叶的结构中得到启发，尝试研发纳米级材料。

欢迎来到我的世界，我是小纳米粒子。纳米是长度单位，1纳米是0.000001毫米，只有一根头发直径的六万分之一。

小纳米的奇异功能

我能做材料！

我超级小，可以重新组合起复杂的纳米结构。就拿火箭发动机的喷管需要用到的纳米陶瓷基复合材料来说吧，这是一种以陶瓷为基体，各种纤维复合的纳米材料，它在强度、韧度、硬度和抗蠕变性等力学性能上要比单一陶瓷好得多，因而在汽车制造、航空航天等领域有着广泛的应用。

火箭发动机 必须承受1600℃以上的高温。

我能发电！

纳米磁性液体是纳米家族的一员，也叫磁流体。磁流体发电是一种新型的高效发电方式，当带有磁流体的等离子体横切穿过磁场时，会产生电，在磁流体流经的通道上安装电极和外部负荷连接时，就可以输送电流了。

我还能与风力发电合作！

风力发电节能环保，好处多多，然而风力有间歇性，当风力小的时候发电机就不太好运作了。纳米薄膜风力发电系统将纳米发电机和风力发电相结合，代替庞大昂贵的纯风力发电。它不仅体积小，还能通过风力挤压摩擦纳米薄膜产生电能，保证电能稳定供应。

在未来，纳米还有你意想不到的能量！

纳米衣物：身穿高阻燃、高强纳米防护服的消防员在周围巡查，有了催化机器人的帮助，一个消防员就可以完成出警任务。

纳米气敏传感器：一旦捕捉到环境中的任何污染信息，纳米气敏传感器就会出动，它还能自动给它的兄弟——光催化剂机器人发出消息！

纳米净水器：固定在河流和湖泊中的纳米净水器，从源头杜绝污染。

纳米涂层：将纳米材料作为涂层涂在植物表面，可以帮助它们将多余的紫外线转化为更有利于光合作用的光。未来在紫外线强烈的太空中也许可以用这种方法种植植物。

未来的汽车：发动机是由纳米陶瓷复合材料制造的；面漆是具有自洁功能的纳米改性高分子材料；在安全防护方面应用的是纳米力敏传感器材料，安全有保障；电机中应用的是新型纳米稀土永磁材料；动力应用的是纳米太阳能电池。

纳米抗菌防腐涂料：墙体涂有自洁功能的纳米抗菌防腐涂料，能有效地抑制细菌霉菌的生长。

我还能做催化剂！
我的光学性能可以做催化剂，净化水和空气！光催化纳米材料能够在特定波长光的作用下被激化发生反应，有效地降解污染物。多种光催化纳米材料已被用于液体或气体污染物的净化。

我还能照明！
一些纳米微粒还具有常规材料所不具备的发光特性。发光碳纳米点是新兴的纳米发光材料，在生物成像、医疗、照明等领域已展现诱人的应用前景，是未来世界照明的生力军。

我还能做衣服！
未来人们穿的都是纳米材料制成的衣服，具备防水、防油、防紫外线等功能。现在已经有了一些用纳米涂层做的衣服，它具有神奇的自净功能，每天晒晒太阳，就不需要洗啦！

我还能当传感器！
纳米材料的微观结构界面提供了气体、液体快速流通通道，在环境监测、危机预警等方面有常规传感器不可替代的优点：测量精度和灵敏度高、体积小、质量轻、安装维护方便等。

我还能当医生！
用极微小的纳米合金材料制成的纳米机器人医生，可以通过口服或注射进入人体血管中。人们通过计算机对它发布控制指令，它就可以在人体内自动完成各项医学任务，对病灶实施超细微、高精度的手术。

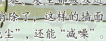

无机纳米颗粒材料： 门窗使用了具有紫外线屏蔽性能的无机纳米颗粒材料，按需采光，安全智能。

多孔纳米材料： 空气中的甲醛、甲苯、灰尘都被吸进去分解、消除了，这样的墙面不仅能"绝尘"，还能"减噪"。

纳米材料的管道： 使用寿命更长，水被污染的可能性更小。

柔性液体机器人： 遇见突发状况时可以随意改变身体形态。

纳米机器人医生： 可以进入病人身体里进行精准手术。

未来的用水模式

海绵城市：雨水、雪水、露水全都变成可用水！

这是一个怎样神奇的城市呢？就算突发暴雨，城市也不会泡在水里。未来的城市就像海绵一样，下雨时吸水、蓄水、渗水、净水，用水时再将蓄存的水释放并加以利用。雨水成了海绵城市的常住居民，可以在城市中自由嬉戏，就像在游乐园一样。

❶ 渗：小区建筑物的屋顶花园、可渗透路面和自然绿地等工程，让更多的雨水渗透到城市的地下储存起来。

❷ 滞：通过雨水花园、生态滞留池、渗透池、植草沟等延缓短时间内雨水径流峰值出现的时间（主要是通过植被阻拦，减缓水流速度），把更多的雨水留在城市里。

❸ 蓄：通过地下管道将雨水输送到人工蓄水池蓄积起来，还通过综合整治河道、建设生态缓坡、清理淤泥等形式加强自然河流、湖泊、湿地的蓄水能力，因地制宜调蓄雨水。

❺ 用：净化后的雨水尽可能地被"用"在原地，如将停车场上方收集的雨水净化后用来洗车等，绿化浇灌、道路冲洗、冷却用水、景观用水等都可以使用净化后的雨水。

自然下渗，补给地下水

"绑架南极冰山"计划

南极大陆冰川覆盖面积达1398万平方千米，所拥有的淡水总量约占全球淡水总量的72%。一座大约1.25亿吨的冰山就可以满足极度缺水的开普敦市一年20%的用水需求。南极冰川每年融化的冰量多达数十亿吨，"绑架"的这座冰山只是融化冰量的一小部分。

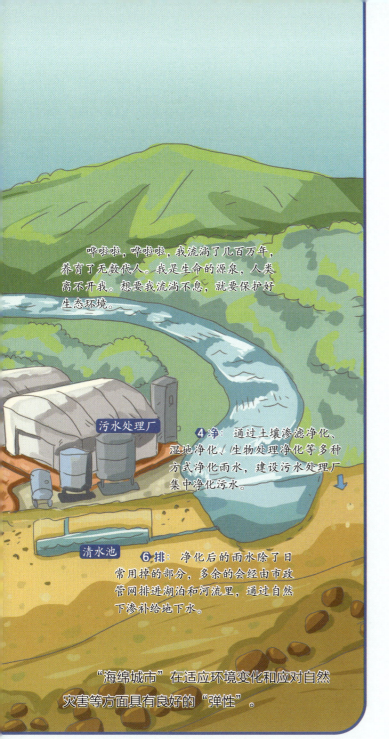

哗啦啦,哗啦啦,我流淌了几百万年,养育了无数代人。我是生命的源泉,人类离不开我。想要我流淌不息,就要保护好生态环境。

污水处理厂

❹ 净:通过土壤渗滤净化、湿地净化、生物处理净化等多种方式净化雨水,建设污水处理厂集中净化污水。

清水池

❺ 排:净化后的雨水除了日常用掉的部分,多余的会经由市政管网排进湖泊和河流里,通过自然下渗补给给地下水。

"海绵城市"在适应环境变化和应对自然灾害等方面具有良好的"弹性"。

高山雪水变饮用水

海拔 3 000 米以上的山峰,通常会出现冰川、积雪。雪山上的积雪在夏季融化后,慢慢渗入地下岩层,经过过滤和矿化,成为珍贵的雪山矿泉水。这种矿泉水水质天然、纯净、无污染,且富含多种矿物质元素,有益于人体健康。

向海洋要淡水

也有人会说,南极冰山和雪山矿泉用得太多,会破坏那里的生态,打扰那里动植物的生存。我们地球上的海水占地球总水量的 97.5%,为什么不能向海洋要淡水呢?

淡化海水的办法

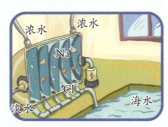

❶ 电渗析法

将具有选择透过性的正、负离子交换膜交替排列,组成多个相互独立的隔室,在直流电场的作用下,海水中的钠离子和氯离子透过选择性离子交换膜分离开来,实现海水的淡化。

❷ 反渗透膜法

含有纳米复合材料的新型反渗透膜具有类似海绵的亲水性,在海水一侧施加比溶液渗透压高的外界压力,渗透膜只允许海水中的水分子透过,截留下其他物质。

❸ 蒸馏(liú)法

通过太阳能加热海水,让海水沸腾汽化,再将蒸汽冷凝形成淡水。

奇思妙想:把火星水带回地球

科学家们通过雷达探测到,火星南极附近的冰层下有一个直径约为 20 千米的液态水湖,假如未来地球水资源极度匮乏,是否考虑将珍贵的火星水带回地球作为补给,或者直接移民火星呢?

12 未来的农场

今天，就让我们跟随小米粒再来一次旅行，见识一下未来多种多样的农场吧！

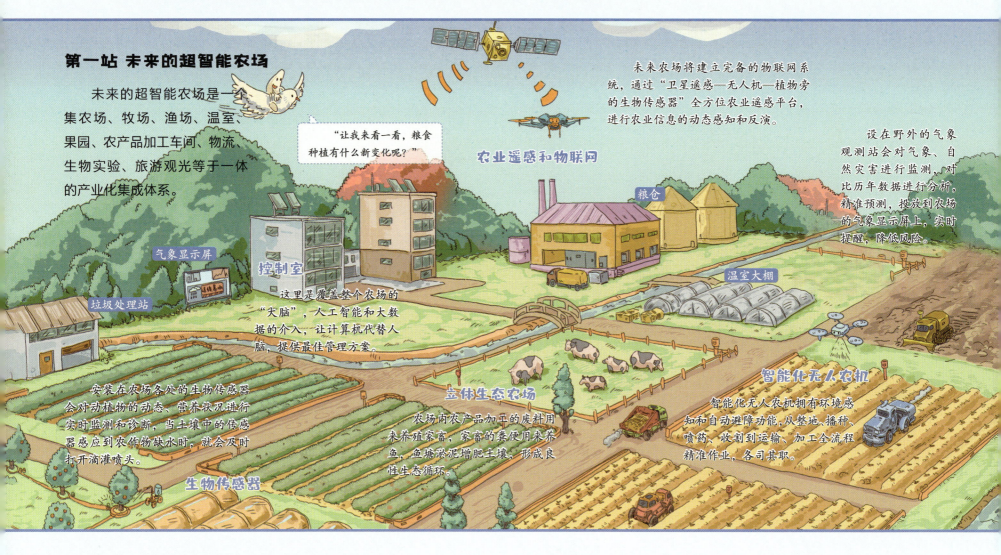

第一站 未来的超智能农场

未来的超智能农场是一个集农场、牧场、渔场、温室、果园、农产品加工车间、物流、生物实验、旅游观光等于一体的产业化集成体系。

未来农场将建立完备的物联网系统，通过"卫星遥感—无人机—植物旁的生物传感器"全方位农业遥感平台，进行农业信息的动态感知和反演。

设在野外的气象观测站会对气象、自然灾害进行监测，对比历年数据进行分析，精准预测，投送到农场的气象显示屏上，实时提醒，降低风险。

"让我来看一看，粮食种植有什么新变化呢？"

农业遥感和物联网

气象显示屏　控制室　粮仓　温室大棚

垃圾处理站

这里是覆盖整个农场的"大脑"，人工智能和大数据的介入，让计算机代替人脑，提供最佳管理方案。

安装在农场各处的生物传感器会对动植物的动态、营养状况进行实时监测和诊断，当土壤中的传感器感应到农作物缺水时，会及时打开滴灌喷头。

立体生态农场

农场内农产品加工的废料用来养殖家畜；家畜的粪便用来养鱼，鱼塘淤泥增肥土壤，形成良性生态循环。

智能化无人农机

智能化无人农机拥有环境感知和自动避障功能，从整地、播种、喷药、收割到运输、加工全流程精准作业，各司其职。

生物传感器

数字化操作平台

农场管理的决策变得十分直观和便利。管理者就算躺在海边度假，也可以通过手机控制农场的正常运作。

二维码溯源系统

产品出现在超市货架上时，会附上二维码，消费者只需要扫描二维码，就能了解产品的生长、加工全过程。

太空育种

这是一种空间诱变育种方式，将作物的种子或枝芽搭乘返回式航天器送到太空，利用特殊的太空环境产生诱变，再返回地面培育出新品种。

科学育苗

种植前，会从种子里优中选优挑出一批良种进行科学育苗，如在种子里植入微生物等，可在提供营养的同时改善土壤肥力。

24

第二站 沙漠农场

在传统印象里，这里干旱缺水，不适合发展种植业。不过因为高科技的介入，人们研制出一种可以把沙子粘连起来的植物纤维，将沙子改造成适合植物成长的土壤，再加上防风固沙措施，沙漠农场就建造起来了。

第三站 海边农场

这里曾经是寸草不生的海边滩涂和盐碱地，当抗涝、抗盐碱的海水稻品种被培育出来，并将经济成本降低后，全世界约150亿亩的盐碱地就可被大面积利用起来了，盐碱地化为良田将不再是梦。

第四站 海洋循环农场

海洋里也奇迹般地出现了绿油油的庄稼。海洋中的垃圾在3D打印技术帮助下变成了农场框架，除了能改善海洋生态循环，还能增加世界粮食产量。

第五站 城市垂直农场

这里乍一看很像垂直的梯田。无土栽培和温室环境调节技术，让城市居民在享受便捷生活的同时，还能亲手种植大量的农作物。

第六站 遨游太空

小米粒在见识了各种各样的农场后，也想为粮食增产做点贡献。

"要是我能去一趟太空，做育种种子就好了！"

机遇从天而降！小米粒被空间技术研究院的研究员捡到了。他诚挚地邀请骨骼清奇的小米粒参与这次育种。

小米粒不仅参与了太空育种，还从航天器中看到了建在太空中的城市。

航天员告诉它，未来人们计划在太空中建农场，利用植物种植的形式提取月球和火星土壤中宝贵的营养元素和矿物质，供给宇航员和太空城市中的居民。

有我米粒家族的冒险，才有了稻谷满仓。你一定要把我的故事讲给你的朋友们听……记住粮食的来之不易！

03 新能源大汇演

旁白：煤炭、石油等化石能源也被称为传统能源，它们是生态破坏、温室效应等危机的始作俑者，很多还是不可再生的，即将到达峰值。有什么办法能够解决这些问题呢？答案是学习诸葛亮借东风，借自然界的威力开发新能源。

新能源是指传统能源之外的各种能源，包括太阳能、风能、地热能、海洋能、生物质能、核能等，它们的优势是污染小、储量大、可再生，值得被大力挖掘。各个国家都很喜欢新能源，因为它们对环境友好，对加速经济发展有利。

"总导演"太阳能

太阳能是太阳辐射产生的能量，我们身边有很多利用太阳能的产品，比如太阳能屋顶、太阳能热水器、太阳能汽车、太阳能路灯等，太空中的卫星也是依靠太阳能电池板提供能量运转的。

风能亮相

太阳照射在地球表面，地表各处受热不均匀产生温差，气温高的区域空气膨胀上升，到高空后逐渐冷却，向四周气温低的区域流动，在水平气压梯度力的作用下，空气的水平运动就形成了风。风能带动水面的帆船航行，也能用来发电。

埋没不了的地热能

地热能是地球内部熔岩形成的天然热能，以热能的形式存在。地球内部温度高达 7 000 ℃，在地壳薄弱处，热能会通过地下水的流动和熔岩的形式涌至地面。人们很早就开始提取这些热能，做温泉、医疗、取暖之用，因为地球内部能量循环不断，地热能也是取之不尽的。

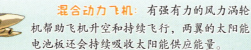

混合动力飞机：有强有力的风力涡轮机帮助飞机升空和持续飞行，两翼的太阳能电池板还会持续吸收太阳能供应能量。

未来各种新能源的应用

地热温泉：以水为介质把热量从地下带到地表的温泉，是地热能开发的形式之一。有地热能的地方也多火山、地震，开发的时候可需要注意哦。

风能汽车：以风力驱动，能长途跋涉的汽车，会随身携带一个大风车或者风帆获取能量。

白鲸天帆号：我由巨型高科技风筝提供辅助动力，告别燃油污染，保护海洋生物！

新能源上演的这幕大戏你还满意吗？

呼啸的海洋能

不是我傲娇，实在是大海蕴藏的能量太多了。

海洋通过各种形式的运动储存和散发能量，包括潮汐能、波浪能、海流能、海水温差能、海水盐度能……海洋上空的风能和海洋表面的太阳能也可以算作海洋能，海洋能是大海送给人类的多样化、可再生能源。

我不仅是人类的粮食，还能当汽车的粮食。

绿色安全的生物质能

生物质能的利用是通过植物生产燃料乙醇和生物柴油，用来替代从石油中制取的汽油和柴油，是未来可再生能源开发、利用的重要方向。目前，以玉米、大豆等粮食作物为原料的燃料乙醇生产已初步形成规模。

我是通过核反应从原子核中释放出来的能量，是未来人类最具希望的能源之一。

核能

人们开发核能的途径有两条：一是铀（yóu）、钚（bù）等重元素的裂变；二是氘（dāo）、氚（chuān）、锂等轻元素的聚变。目前，核裂变技术已得到实际应用，很多国家和地区都建起了核电站；核聚变也在积极研究中。不论是重元素铀，还是轻元素氘、氚，在海洋中都有相当巨大的储藏量。

二氧化碳换能源

新能源替代传统能源还有很长的路要走。那么，让地球"发烧"的二氧化碳排放能不能快速被控制呢？科学家们发挥奇思妙想，提出了用二氧化碳换能源的办法，既能降低大气中二氧化碳的含量，又能缓解能源危机，是不是很不可思议呢？

哎！我也是很有用的啦！别老盯着我的短处！

二氧化碳 + 植物 → 碳水化合物

❶ 二氧化碳产生的温室效应给地球罩上了保温罩，防止地表热量散发导致地球变冷。它还是地球碳循环的重要组成部分，植物吸收二氧化碳和水分，通过光合作用，产生氧气，并制造出以碳水化合物为主的有机物，为植物和人体提供能量。

❷ 氢气（H_2）是一种高能量密度的物质，二氧化碳加氢气可以生成甲醇，继而转化为烯烃（xī tīng）、汽油、柴油和芳烃等燃料。不过，传统金属氧化物催化剂需要在300℃以上温度条件下才能发生反应，所以如何实现二氧化碳低温高效转化是个问题。

二氧化碳 + 氢气 → 甲醇

二氧化碳 + 钯铜二元合金纳米材料 → 乙醇

❸ 可在常温、常压条件下进行催化反应的不是没有，有科学家提出用一种钯（bǎ）铜二元合金纳米材料作为催化剂，电催化还原二氧化碳，生成乙醇。

除了将二氧化碳转化为燃料，科学家们还在研究用二氧化碳生产碳纳米纤维的办法，希望有一天这些研究会给人类生活带来巨大的变化。

14 云上生活

人们的云上生活是建立在云计算基础上的，随着大数据、移动互联网和人工智能等技术的成熟，"云+端"模式的云上生活逐渐普及起来，云娱乐、云购物、云旅行、云课程、云商务……云生活无处不在。

"云"是互联网数据中心，"端"是用户手中的终端，包括台式计算机、笔记本、手机等。用户在使用终端时，其行为将产生数据，经过"云"处理和加工，存储到数据中心"云"上。用户网页访问、数据存储、大数据处理计算等，都能在互联网上完成，用户体验变得更丰富、更精彩。

人们的生活是怎么搬到"云"上的呢？

2009年，中本聪挖掘出第一枚虚拟加密货币比特币，云金融时代开启。

ICQ、MSN、QQ、微信等众多聊天软件相继出现，网络社交、云交友成为日常。

2007年是3G元年，通信技术的变革，使网速和带宽问题得以解决，移动互联网时代自此开启。

1995年，世界上第一个购物网站eBay网上线，网上购物时代开启，买买买！

1996年，IBM率先进入电子商务阶段。

1990年，蒂姆·伯纳斯－李发明了第一个网页浏览器World Wide Web，以超文本链接的形式显示文本、图形、视频、音频的信息集合。

1985年，微软首发Windows1.0，应用最广泛的操作系统问世了。

计算机游戏越来越多，小朋友在家就能玩游戏。

1981年，IBM研发出第一台个人计算机，计算机逐渐小型化、普及化。

我们就这样一步步登上"云端"!

"吞电巨兽"云计算的数据中心在哪里？

"云"并不在天上，"云"有可能在海底。

云计算的数据中心设备运转耗电量极大，给设备的降温也需要耗费大量的电力，因而被称为"吞电巨兽"。各大运营商为了节约成本，建设选址和冷却妙招五花八门，有建在海底的、雪山上的、山谷里的，还有放在北极圈内的。冰岛就因为气候寒冷成了不少数据运营商的首选地。

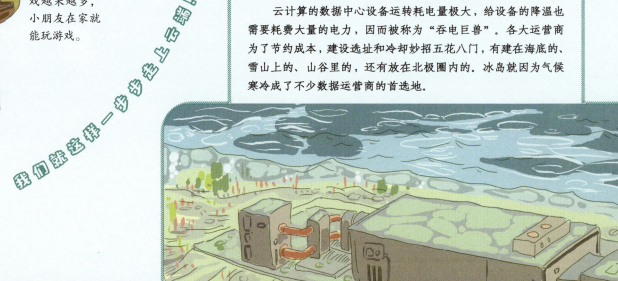

1946年2月，世界上第一台通用电子计算机问世。

远程局域网的实现，让网络数据开始共享。

各种云生活

云课堂
老师可以通过计算机、手机等设备在线给几百个学生上课，监督学生写作业，学生也可以通过海量网络信息实现自主学习。

云办公
建立在云计算技术基础上的办公平台，可以实现移动办公、远程会议、数据共享等，突破工作场景限制，提高办公效率。

云娱乐
云娱乐是把视频、游戏的内容上传到数据中心的服务器上，用户通过远程网络连接服务器，获取炫酷的游戏画面，优质的视频、音频内容等。

云旅行
云旅行在2020年因为疫情原因成为全世界人们的首选，直播的盛行也让云旅行如虎添翼。人们足不出户就能享受由直播带来的绝佳、免费、全景游览体验。

云社交
人们已经习惯了在网络平台上分享生活，当线下活动不方便时，人们会选择通过网络聊天工具、聊天室结交新的朋友。

升级版云旅行
借助VR（虚拟现实）设备和AR（增强现实）设备，人们还能体验到逼真的沉浸式旅行体验。

VR设备有一副连接传感系统的"3D眼镜"，戴上这个眼镜就能身临其境，名山大川360度环绕在你周身。AR设备则可以和虚拟世界信息结合，借助AR设备，你可以穿越时空和苏轼一起夜游赤壁。

人们选择云生活，不仅是因为它实现了现代社会所追求的便捷、智能、高效，还能在一定程度上减轻燃油和交通压力，减少温室气体的排放，一些景区的游客接待压力也会相对减轻，对景区的自然生态恢复有一定帮助。因此，云生活成了当下最受欢迎的生活方式之一。

> 老倌儿！你们怎么下凡来了？
> 我们也来体验一下人界的云生活！

15 智能化家居环境

大家好！我是你们的智能家居管家，你也可以叫我小智。我可以说是整个家的大脑，接下来由我带领大家认识一下智能化家居环境。

在同一网络中的智能家居设备还能互通信息、物物交流。在未来，当闹钟叫不醒赖床的你时，你的智能床垫可能就会采取"暴力"措施了哟！

智能家居是东西成精了吗？

不不不！智能化家居是通过比互联网还厉害的物联网技术，把家里的视频设备、音频设备、照明电器、空调、洗衣机和厨房家电等各种家用电器与网络连接，使家电有了控制、识别、信息交互等功能。

物联网是让用品活起来的关键技术。早在1995年，比尔·盖茨就提出过这个理念，经过了开创期、徘徊期、融合演变期，才出现眼前爆发期智能家居的模样。

智能家居是怎么工作的呢？

智能家居是通过物联网技术实现的，所以智能家居拥有物联网技术中的射频识别技术、传感器技术和嵌入式系统。

这三个名词听上去比较复杂！其实可以这么理解：它们让物联网中的智能家居都有五官、大脑和神经。

"射频识别技术"就是智能家居的眼睛和耳朵。有了它，智能家居设备可以识别、接收命令。

"嵌入式系统"就是智能家居的大脑。有了它，智能家居设备就会"思考"了，它可以将收集的信息转化成行动指令。

"传感器"是智能家居的神经。它可以将设备信息反馈给"大脑"，也可以把"大脑"的命令传达给设备。有了它，设备不再是冷冰冰的工具。

开始煮粥 ~OK

智能家居可聪明了！不仅能接收遥控指令做事情，还能通过语音识别功能与人对话、互动。同时，还能记住主人的口味偏好自助搜索，按照参考数据烹饪出美食。

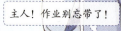

主人！作业别忘带了！

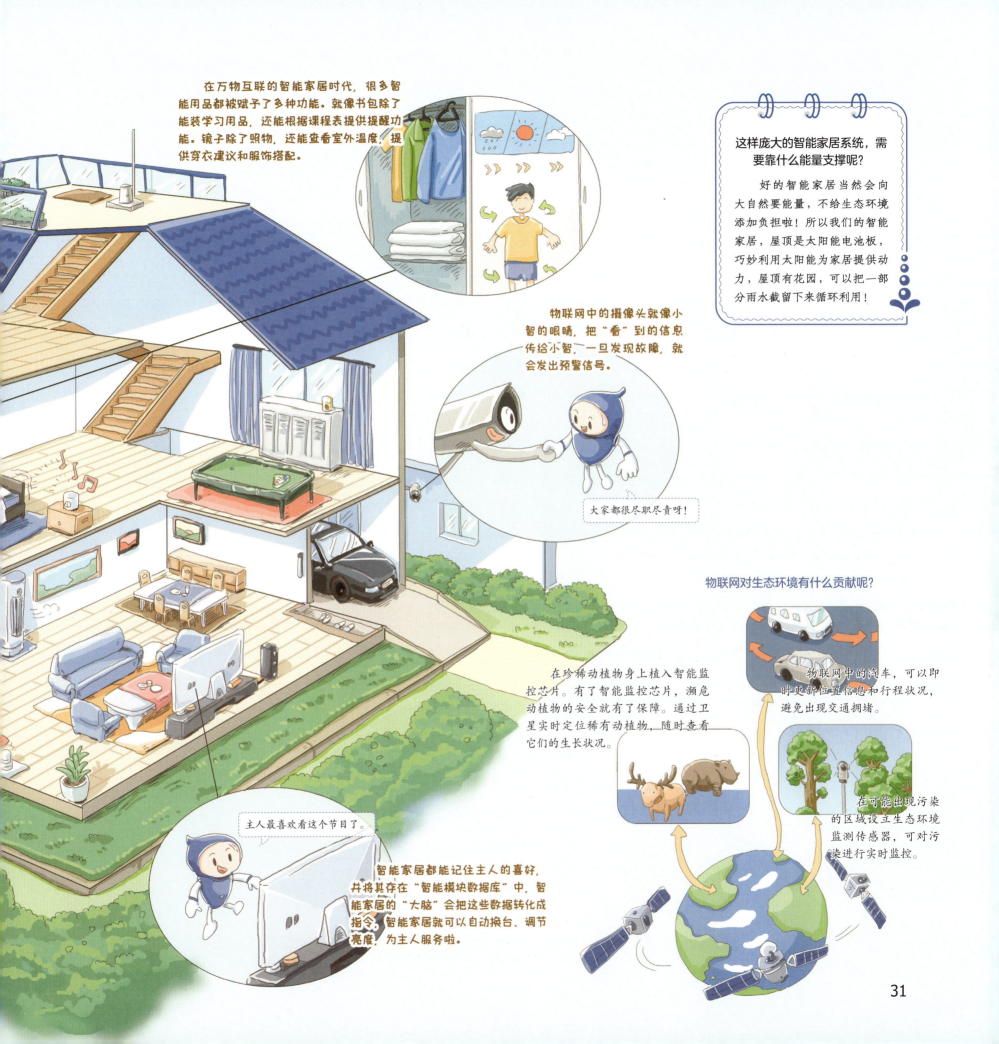

16 基因蓝图——基因可以人为改变啦!

我是基因,是具有遗传效应的 DNA 片段,别以为我只是一条简单的螺旋链,我对动物、植物、微生物都重要着呢!想知道为什么?请往下看——

基因百宝箱

人体细胞

每个人体细胞都含有 23 对染色体。

染色体

每条染色体均由无数个名为碱基对的化学分子序列组合而成。

我可是个百宝箱,是决定生命体遗传变异的主要物质。人类种族、血型、性别、发育、生死等相关的秘密都藏在我这里。

这个百宝箱还能传给后代呢!

DNA 双链

两条反向平行的长链互相缠绕,组成双螺旋结构的 DNA 分子链。

基因的"术法"加持!

基因之所以是个百宝箱,是因为它有一些特殊的"术法"加持:

1. 基因具有相对稳定性;
2. 基因能自我复制;
3. 基因能指导蛋白质合成;
4. 基因能产生可遗传的变异。

基于基因的这些特征,科学家们正在致力于研究可以人为改变基因的"基因手术"——基因编辑。

DNA 分子链上的结构单位有 4 种:腺嘌呤(A)、胸腺嘧啶(T)、胞嘧啶(C)和鸟嘌呤(G),它们两两配对组成碱基对。

基因编辑的基本逻辑

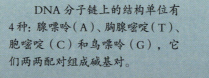

发现突变基因　　定位　　剪下突变基因　　贴上正确基因

ATCG 碱基对

基因工程

目前,克隆和转基因技术是基因工程研究的主要方向。

克隆技术

克隆是"复制"一个在遗传上和原有生物体一模一样的生物个体,也就是说,克隆具有和原有生物体完全相同的基因,就像"复制–粘贴"一样。

转基因技术

转基因技术是利用分子生物学技术,将某些生物的基因转移到另一个物种中,改造生物的遗传基因,使得到的生物在性状、营养和消费品质等方面满足人类需要的目标。

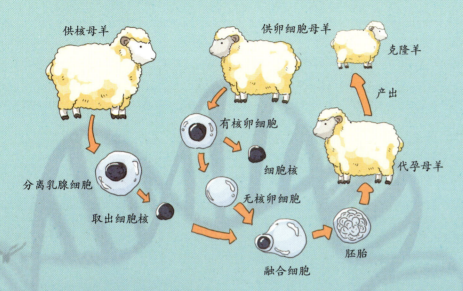

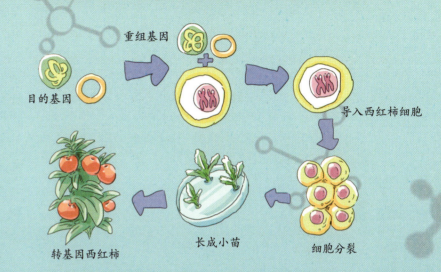

基因工程的争议与前景

基因编辑这把上帝的手术刀,针对的是生物的遗传物质。对基因动手术,比普通的医疗手术可复杂多了。自从基因技术问世以来,人们关于基因技术和基因产品的争论就从未停止。值得肯定的是,基因技术已然成为未来发展趋势,人类对关于基因技术的研究也始终持有谨慎而严肃的态度。

基因编辑技术在未来的应用

自然界的转基因生物

寄生蜂把宝宝生在毛毛虫的身体里,并注射了多分DNA病毒,让蝴蝶宝宝带上了寄生蜂基因。

绿叶海蛞蝓通过吃海藻,将对方的某部分基因占为己有,使自己可以像植物一样通过光合作用,从太阳光中获取能量。

33

17 生机勃勃的灭绝物种实验园

这是未来一个带有梦幻色彩的实验园，在这里，科学家们利用 DNA 克隆技术"复活"一些已灭绝的物种。其中最重要的一步就是找到这些已灭绝物种带有完整 DNA 信息的活体细胞。

接下来，就是提取这些含有灭绝动物 DNA 的细胞核，注入它们的现代近亲被剔除了自身 DNA 的卵细胞中，然后植入成年代孕母体内，等待漫长的孕育过程……见证奇迹的时刻到啦！

比起需要耗费大量人力、物力、财力才能实现，复活后还要面临很多不可控因素的复活灭绝物种计划，做好濒危物种的保护工作更有现实意义。

濒危物种保护区

望天树　桫椤　朱鹮　玳瑁

中华白海豚　蓝鲸

象　犀牛　华南虎

大熊猫

活过来的感觉真好！又能尝到草香了！

别等到来不及才知道要珍惜

帝国君子长臂猿

我是古老的中国长臂猿，曾经人们只能在古画里看见我的身影。

2018 年，在中国一座古墓中发现一种已灭绝近 2000 年的非常珍贵的长臂猿骸骨，灭绝原因已不可考。科学家们将它命名为"帝国君子长臂猿"。

比利牛斯山羊

盗猎和生存地缩减等原因导致了比利牛斯山羊的灭绝。2000 年，最后一只比利牛斯山羊宣告死亡，科学家曾经提取它的身体细胞克隆出一只，但只存活了 7 分钟。

别奇怪，我是通过 DNA 克隆技术死而复生的。跟我来！这里有一支由考古学家、医学家和科学家组成的小分队，正在进行抢救濒危物种、复活灭绝动物的活动，一起到现场看看吧。

旅鸽

老朋友，终于见面啦！我是前面出场过的旅鸽，没把我忘了吧？

等待复活的灭绝动物标本和基因保存冷藏库

马斯克林狐蝠　桑给巴尔豹

袋狼　平塔岛象龟　胃育蛙

金蟾蜍

无齿海牛　渡渡鸟

复活灭绝动物的意义

当下气候变暖、栖息地被破坏、人类过度开发等因素导致物种以从未有过的速度灭绝。有研究显示,到2100年,地球上有一半的物种可能消失。当一个物种灭绝后,会产生连锁反应,一些依赖它生存的物种也会走向死亡。生态链被破坏,生物多样性也会受到严重影响。

马德拉大白凤蝶曾经遍布欧洲、非洲和亚洲,因为污染和栖息地不断减少等原因,在2007年被宣布已经灭绝。

> 我们复活灭绝动物也是为了提醒全人类,不要再肆无忌惮地破坏环境啦!

模拟葡萄牙马德拉群岛温带雨林的环境。

马德拉大白凤蝶

> 我们还很脆弱,需要待在这里接受观察!

我们是怎么复活这些动物的呢?

最关键的一步是需要找到这些已灭绝物种带有完整DNA信息的活体细胞。例如,从旅鸽标本中萃取的DNA,保存在液氮中的比利牛斯山羊细胞,封存在琥珀中的苍蝇细胞,提取自西伯利亚永久冻土中的猛犸象牙齿DNA,等等。

还有很多找不到骨骼、化石的灭绝动物,从同一时期被封存在树脂中的蚊子体内找灭绝动物的白细胞核也是一个不错的点子。

找到确定复活的动物活体细胞后,提取细胞核移植到去核的现代近亲卵细胞中,就有可能复活灭绝动物啦。

我们不是为了变一场"从冻土里走出已灭绝动物"的魔术,而是有选择性地复活一些对人类有益处的动物,比如,复活的灭绝动物可能会填补生态系统中的某些空白。当然,不是所有的动物都适合被复活,我们也经常使用淘汰票。

"过于久远,不能适应现在环境的动物,很遗憾,没有复活票!"
"复活后会破坏生态系统、食物链的动物,很遗憾,没有复活票!"
"找不到后代和现代近亲的物种,很遗憾,没有复活票!"
我们要为动物们保驾护航,也要把好复活动物的生之门!

所有灭绝动物都能被复活吗?

18 欢迎进入神奇的"生物砖"超市

还记得前面提到的各种"峰值"问题吗？接下来说到的DNA生物砖就是为了对付石油峰值、环境问题和疾病问题等准备的材料。

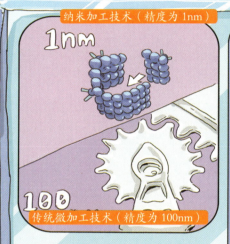

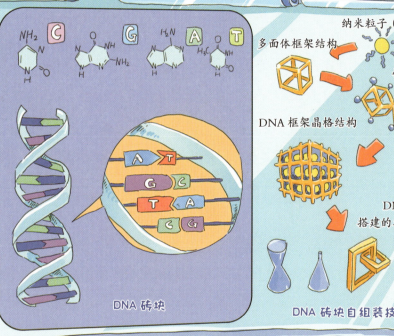

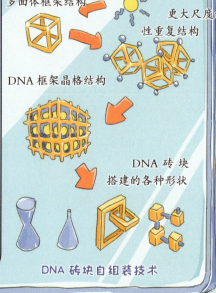

DNA不仅仅是大家所熟知的基因，也是一种纳米量级的建筑材料，就像"砖块"一样。它能够突破传统纳米加工的极限精度，可以用来构建几乎任意形态的纳米器件。

"DNA生物砖"是什么？

"DNA砖块"的名字叫作碱基对。碱基是构成核酸的基本构件，包括腺嘌呤（A）、胸腺嘧啶（T）、胞嘧啶（C）、鸟嘌呤（G）。它们以A-T、C-G、T-A、G-C形式配对，配对的两个碱基互补。科学家们很早就开始研究用碱基对的不同部分进行编程和自组装，合成复杂核酸结构的技术。

在传统的基因合成中遇到了很多问题，最大的挑战就是价格昂贵。好在，我们有麻省理工学院媒体实验室分子机器研究组的负责人Jacobson教授！他研发出了一种以硅芯片为基础合成DNA的方法。这种纳米制造技术称为"DNA砖块自组装技术"，用人造的DNA短链像乐高砖块那样搭扣拼装，来组成预先设计好的形状。它充分利用了DNA的编程能力，将DNA碱基对组合搭配成各式形状，这样的"组装"速度快，成本也变低了，1组碱基对只要约2美分。

"生物砖"的妙用

一步法批量生产聚乳酸

聚乳酸（PLA）是一种新型的生物降解材料，可用来替代以石油为原料生产的塑料材料。

目前一般是从玉米、木薯、甘蔗、甜菜等作物中提取纤维素，在乳酸车间经过发酵、脱水等制造出乳酸，再进一步纯化，得到聚乳酸。不过，已经有科学家提出了一种利用基因合成技术重新设计大肠杆菌，直接发酵，即一步法批量生产聚乳酸的办法。

转入血红蛋白对付镰刀型细胞贫血症

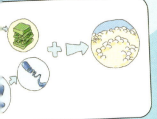

镰刀型细胞贫血症是由基因突变引起的疾病，患者体内控制合成血红蛋白分子的DNA碱基序列发生了改变，导致红细胞变异成弯曲的镰刀状，极易破裂，使人患溶血性贫血，严重时甚至会导致死亡。最新的基因疗法是将正常的血红蛋白基因转入患者骨髓细胞中，理论上是能够有效治疗这种疾病的，然而这项医疗技术还有很长的路要走。

改造微生物细胞生产生物乙醇

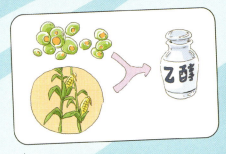

利用碱基对改造微生物细胞（如大名鼎鼎的酵母菌），使微生物分泌一种催化纤维素分解的纤维素酶（méi），从而以木质纤维素作为原料生产乙醇燃料。微生物代替无机催化剂具有反应条件温和、可再生、成本低、催化专一性好等优点。

人工合成青蒿（hāo）素

DNA砖块还可以使用微生物细胞作为细胞工厂，实现众多天然产物的人工合成，形成新的制造模式。比如，用青蒿中的DNA和微生物DNA拼接，经过工业发酵快速生产出低成本的青蒿素，治疗由蚊虫叮咬传播的疟疾。人参皂苷、番茄红素、灯盏花素、天麻素等也可以用这种办法人工合成，提高产量。

一种以尿液为原料的真实生物砖

没错，不同于虚拟不可见的DNA生物砖，这是一种真实可见的生物砖，它的原料之一是尿液！

科学家们将尿液、沙子与可生成尿素酶的细菌混合，通过微生物诱导碳酸盐沉淀，在室温下生产出可以建造房子的生物砖。这种砖块质量好、硬度强，且不用在高温下制作，可以减少二氧化碳的排放，对环境保护和解决全球气候变暖问题都有帮助。

19 和堵车说 "bye bye"

在未来，交通空间会更加紧张，以轨道交通和公交车为主的公共交通将成为人们的主要出行方式，需要私人空间的用户可以选择租用无人驾驶汽车、胶囊车或可以垂直升降的飞行车。

未来的交通是什么样子呢？一起来畅想一下吧。

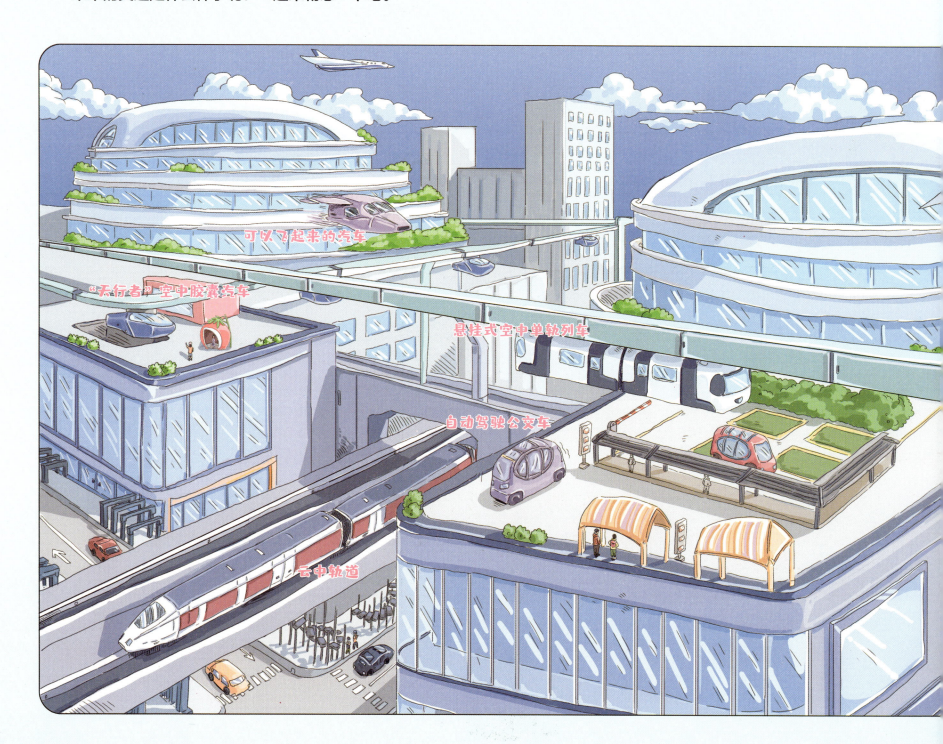

TOD 模式

小区出门就是公交站，10分钟就能到达集工作、学习、娱乐于一体的核心商业区。想要去市中心可以选择更快的地铁、轻轨或有轨电车，城市公共交通还与火车站、飞机场相交会，随时可以来一场说走就走的旅行。这就是最早兴起于美国的 TOD（公共交通导向型开发）模式，很多城市都已经初步实现了。

未来的 TOD 模式在以公共交通枢纽和车站为核心的同时，更加注重土地的利用和环境的设计，使城市公共交通的效率最大化、环境最优化。当公共交通足够便捷，还不会出现拥堵时，人们对私家车的依赖也会减少，从而实现低碳、节能、环保的城市建设。

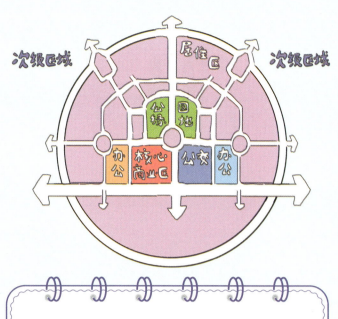

TOD 模式有什么优势？

❶ 不仅节省了时间，客流速度也更快啦！广州东部交通枢纽中心（新塘 TOD），建成后可保证每天 45 万人次的顺利通行。

❷ 可以减少对私家车的需求。在采用 TOD 模式的典型城市东京，居民出行更愿意使用公共交通，选择私家车的大概只有 6%。

❸ TOD 模式还能帮助对城市布局进行分类，合理规划步行空间和公共绿化空间。丹麦的首都哥本哈根采用的"手指形态规划"，发达的轨道交通系统沿着"五指"从中心城区向外辐射，"五指"间错落分布着森林、农田等"绿色走廊"，环境设计对行人十分友好。

立体的多功能公共交通枢纽

交通自然离不开交通枢纽，未来的立体公共交通枢纽就像一个"变电箱"，是实现公交、地铁、轻轨、有轨电车等交通工具快速换乘的立体空间，可以将人流转移到不同的交通工具上。交通枢纽内部还可以布局酒店、办公、商业、停车等功能区，配备电梯和连廊等设施供人们在车站与不同功能的区域中通行。

特色设计

在这样的城市中，等待也变得很有趣！家→车站、车站→市中心，每个地方都设置了五花八门的特色公交车站和通行设施。

特色公交站

未来的城市，为了让等待变得很有趣，城市的各个角落设计了五花八门的特色公交车站，有彩虹色钢板雨棚、粉红色水果巴士站和风箱式相机镜头巴士站等，一起来等个车吧！

风雨长廊

有些公交站点到小区之间的步行道上会建起各种长长的风雨连廊。遮阳挡雨的同时也是城市一景，雨天忘记带伞也不用怕了。

特色交通工具

未来还会有很多各具特色的交通工具，在帮助人们实现快速转移的同时，也会成为城市一道道靓丽的风景线。

自动巡道公交车

道路两边等距离布设的路测传感器将路况实时反馈给控制中心，提示风险，公交车自带的 GPS 和传感器会根据系统信息调节行进路线、车速、方向及避让障碍物等。

胶囊汽车

它有点像我们在景点乘坐的缆车，一个一个的小车厢，功能齐全，私密性也比较好，适合需要安静环境的乘客。它的路线固定，一般是环形路线，会在高架磁轨道沿途的固定站点停泊。

云中轨道

未来的地铁还可以建在空中，类似"地铁+高架"的形式，车体跨骑在轨道梁上行驶。轨道离地面有一定距离，节约了地面交通空间，旅客还可以从上空鸟瞰途中全景，是一道美丽风景线。

悬挂式空中单轨列车

它也是建在空中的轨道列车，采用的悬挂式单轨，车厢悬吊在半空中。这种轨道列车适合建在建筑物密度大的狭窄街区，占地少、污染小，还能节约出一部分的地面建绿化带。

可以垂直起飞和降落的汽车

类似直升机的两用汽车，在地面是汽车，在天上是飞机。它的车身配有旋翼，外壳采用的是碳纤维和钛合金复合材料，质量轻、韧性好、耐高温，安全性能绝佳，只可惜它像赛车一样小，最多只能坐两个人。

20 "移步换景"黑科技
带你穿越时空，见证历史

欢迎来到虚拟现实体验馆，在这里你可以借助 AR、VR、MR 等高科技穿越时空，一步步见证历史；也可以穿到未来，提前"登陆"火星，体验太空生活，在逼真的虚拟环境中获得沉浸式体验。

什么是"移步换景"呀？

移步换景，是一种写作手法。人走景移，不断变化新画面，读者好似穿梭于各个景点。

如果用科技手法实现"移步换景"，就需要借助虚拟现实（VR）、增强现实（AR）、混合现实（MR）及它们结合在一起的 3D 视觉交互系统（扩展现实，XR）等高科技手段。

为什么叫"移步换景"体验馆呢？

因为这个体验馆有非常多的隐藏摄像头和追踪器，当你踏入场景时，追踪器就开始全方位对你的动作、表情等进行拍摄捕捉，系统会根据你的行为发出配合指令，让整个场景与你互动，实现一步一景，移步换景。

"移步换景"

咫尺有千里之趣，这一步让我们跟随 18 岁的北宋天才画家王希孟一起，提笔绘制大宋的千里江山。你看，远处的青绿山水、锦绣河山，近处的野渡茅屋、渔民渔趣，就这样一笔一笔绘制到画卷上，流传千年。

虚拟设备不仅能帮你"回到过去"，还能带你"穿到未来"，提前体验各种未来文明，比如在火星上蹦蹦跳跳，开展别样旅行，感受逼真，成本还低。

第六个足印：迈向未来，火星旅行

第五个足印：绘制大宋千里江山图

踏上脚印就要和原始人说"嗨"了。展墙上的人头形器口彩陶瓶的眼睛里就有感应器，当它捕捉到你的视线，图腾就会飞起来，开始演绎原始部落制作彩陶、绘制图腾和文字的故事。

第一个足印：解锁图腾密码——彩陶

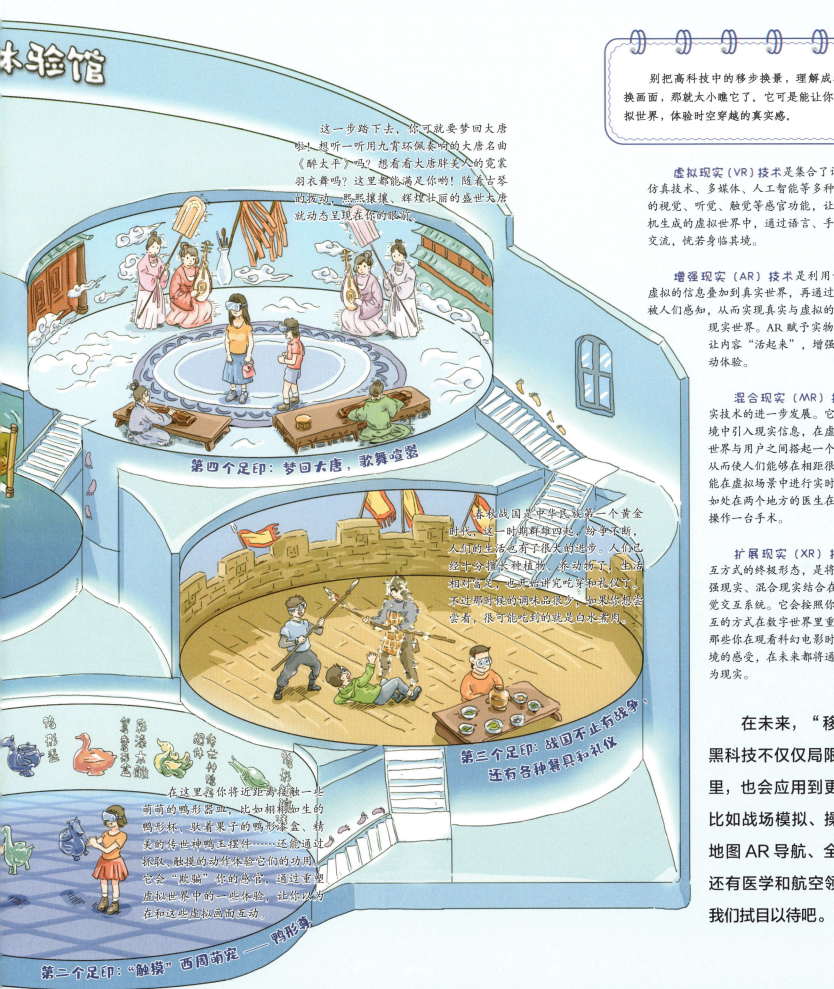

别把高科技中的移步换景，理解成看电视、换画面，那就太小瞧它了。它可是能让你置身于虚拟世界，体验时空穿越的真实感。

虚拟现实（VR）技术是集合了计算机图形学、仿真技术、多媒体、人工智能等多种技术，模拟人的视觉、听觉、触觉等感官功能，让人沉浸在计算机生成的虚拟世界中，通过语言、手势等进行实时交流，恍若身临其境。

增强现实（AR）技术是利用计算机技术将虚拟的信息叠加到真实世界，再通过设备显示出来被人们感知，从而实现真实与虚拟的大融合，丰富现实世界。AR赋予实物更多的信息，让内容"活起来"，增强视觉效果和互动体验。

混合现实（MR）技术是虚拟现实技术的进一步发展。它通过在虚拟环境中引入现实信息，在虚拟世界、现实世界与用户之间搭起一个交互的桥梁，从而使人们能够在相距很远的情况下也能在虚拟场景中进行实时互动交流，比如处在两个地方的医生在同一时间合作操作一台手术。

扩展现实（XR）技术是人类交互方式的终极形态，是将虚拟现实、增强现实、混合现实结合在一起的3D视觉交互系统。它会按照你与真实世界交互的方式在数字世界里重塑交互功能，那些你在观看科幻电影时体会的身临其境的感受，在未来都将通过虚拟设备成为现实。

在未来，"移步换景"黑科技不仅仅局限在体验馆里，也会应用到更多地方，比如战场模拟、操作训练、地图AR导航、全息游戏，还有医学和航空领域等，让我们拭目以待吧。

21 欢迎参观"微米机器人生产工厂"

你以为这是一个把零散部件组装成完成品的传统大型工厂吗?不!这是一个建在小芯片上的微型纳米工厂,在一块4英寸(约10厘米×10厘米)的硅芯片上可以制造超过100万个微米机器人。在这里,你将见证微米机器人的批量生产过程。

前面我们已经讲到了纳米,微米和纳米一样是长度单位,1毫米=1000微米,1微米=1000纳米。

2020年8月,英国的《自然》期刊上刊登了一项研究成果:美国宾夕法尼亚大学联合康奈尔大学研究团队成功研发出了全球首个微米机器人。它采用的是与生产手机芯片相同的工艺技术,厚度约5微米、宽约40微米、长度为40~70微米,比头发丝还细小千倍,通过显微镜才能看到。它们是全球第一个尺寸小于0.1mm的机器人,可在高酸性环境和高温度的恶劣环境下生存,还可以通过皮下针注射进入人体,为探索生物内部环境带来了可能。

注:这里是为了方便理解才以生产线的形式呈现生产过程,实际上生产微米机器人采用的是并行制作流程。它采用光刻技术,像制造传统芯片一样逐层镀胶再刻蚀,在晶片上一层一层"打印"出来。不仅微米机器人的"头"和"脚"是同步制作的,芯片上的100万个微米机器人也是同时"打印"的,一生产就是一个机器人军团。

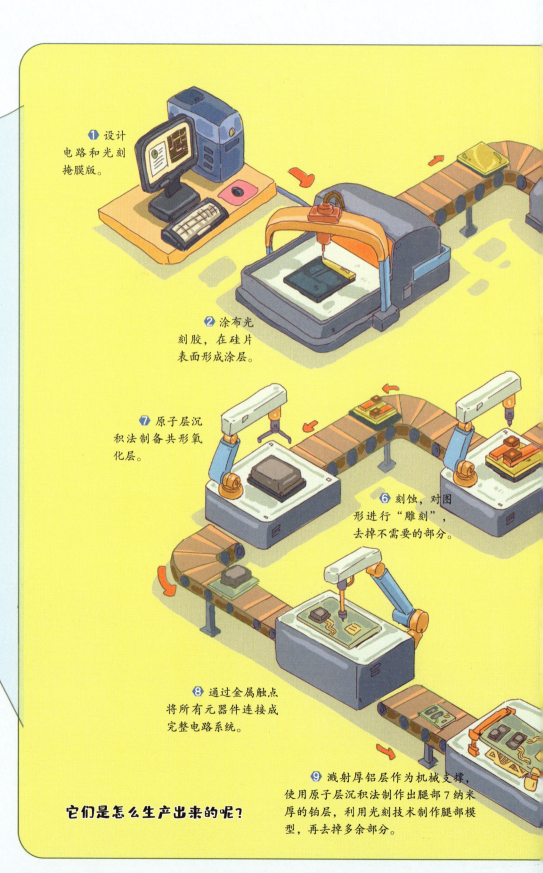

❶ 设计电路和光刻掩膜版。

❷ 涂布光刻胶,在硅片表面形成涂层。

❼ 原子层沉积法制备共形氧化层。

❻ 刻蚀,对图形进行"雕刻",去掉不需要的部分。

❽ 通过金属触点将所有元器件连接成完整电路系统。

❾ 溅射厚铝层作为机械支撑,使用原子层沉积法制作出腿部7纳米厚的铂层,利用光刻技术制作腿部模型,再去掉多余部分。

它们是怎么生产出来的呢?

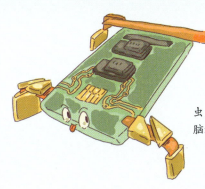

这个机器人的大小和草履虫差不多，由简单的躯干、大脑和四条腿组成。

③ 烘干、曝光，将掩膜版图形转移到涂胶硅片上。

④ 喷射显影胶，在光阻层中留下需要的细微图形。

⑤ 坚膜，提高光刻胶的稳定性。

⑪ 剥离，生产出来的合格机器人需要用移液器将其从芯片上剥离下来，转移到液体中。

⑩ 测试，通过脉冲激光辐照来检测机器人是否能正常接收指令。

⑫ 应用，合格的微米机器人可以通过皮下注射器批量注入人体内。

微米机器人的结构

这种微米机器人的制造核心在于它有一个相对成熟的"大脑"。而大脑的制作工艺源于现有的半导体制造技术，而这款微米机器人的特殊之处就在于有了帮助它们移动的"腿"，成了一个有行动力的机器人。

硅晶片是这个微米机器人的"躯干"，也是制作集成电路的载体基片。

微米机器人的"大脑"也被称为光学无线集成电路（OWIC），上面有两个小型的太阳能光伏电池，如果将激光脉冲照射在上面，就会激活电路，驱动迷你LED屏幕，实现与外界的交流。

微米机器人的"腿"是四个电化学制动器，通电后铂条带的超薄特性让机器人的腿能够急剧弯曲，听指挥行走，并且不会断裂。

微米机器人的优点

❶ 微米机器人可以通过皮下注射注入人体，一针可注入上万个机器人，进入体内协同作业，是你的迷你健康卫士。

❷ 操控简单，只需用不同的光伏闪烁脉冲，就能控制这些机器人的行动。

❸ 耗能少，每个脉冲都能给它充电。

❹ 可大规模生产，仅需一块4英寸的硅片，就能制造出100万个微米机器人。

除了这里提到的微米机器人，你可能还听说过DNA折纸机器人、多腿的软体机器人、可愈合的活细胞机器人等，未来的微型机器人大军还会越来越壮大呢！

未来微型机器人的发展方向就在于不断突破微型制造的极限，研发出比现阶段的微米机器人还要小得多的纳米机器人，甚至更小尺寸的设备。这样的机器人将带我们进入各种奇妙的世界。

22 生病了！血管里的"隐形医生"出动！

人类社会的发展像坐上了火箭一样快，科技的进步也带动了医疗水平的发展，未来的人类又将面临怎样的变革呢？让我们一起来见识一下吧！

未来当你生病时，医生会提供一种特别的医疗服务——往你的血液里注入一种微小的医疗机器人。没错，就是我们前面提到的微米机器人的升级版。这种机器人能够精准探测到生病原因，通过它迷你的四肢或像鱼一样摇曳的尾巴，游过你身体里的动、静脉，到达病变的部位，直接给你进行手术。

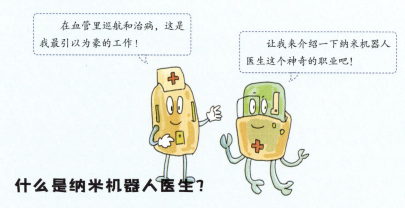

在血管里巡航和治病，这是我最引以为豪的工作！

让我来介绍一下纳米机器人医生这个神奇的职业吧！

什么是纳米机器人医生？

纳米机器人是一种细胞大小的、可进入人体特定目标的医疗机器，不仅可以用于疾病治疗，还可用于疾病预防，是未来人类的私人医生。

它不但具有检查方便、无创伤、无痛苦、无交叉感染、不影响患者正常工作等特点，还可以改善人类的大脑功能，帮助未来的人类成为"新人类"。

诺贝尔奖得主 理查德·费曼

利用微型机器人治病的想法是我在1959年率先提出的！

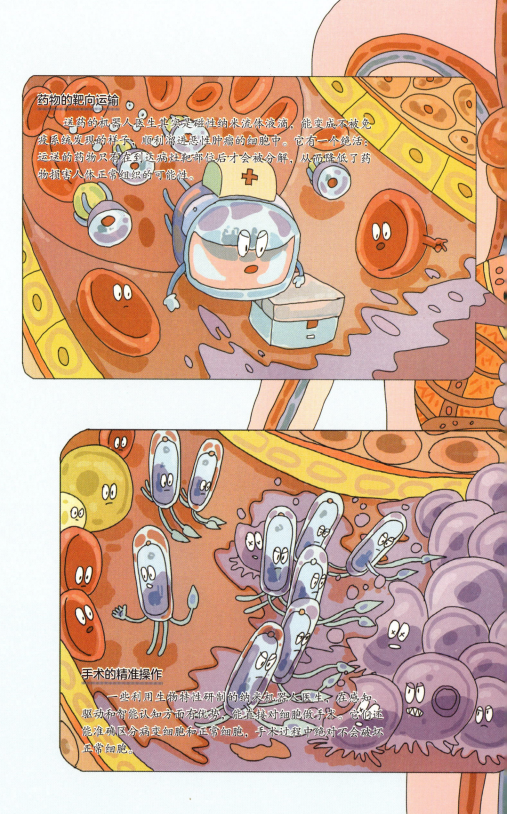

药物的靶向运输

送药的机器人医生其实是磁性纳米流体液滴，能变成不被免疫系统发现的样子，顺利溜进恶性肿瘤的细胞中。它有一个绝活：运送的药物只有在到达病灶靶位后才会被分解，从而降低了药物损害人体正常组织的可能性。

手术的精准操作

一些利用生物特性研制的纳米机器人医生，在感知、驱动和智能认知方面有优势，能直接对细胞做手术。它们还能准确区分病变细胞和正常细胞，手术过程中绝对不会破坏正常细胞。

走上工作岗位的纳米医生

纳米机器人在医疗方面的应用,主要包括4个方面:**药物的靶向运输、手术的精准操作、疾病的精准诊断及解毒**。

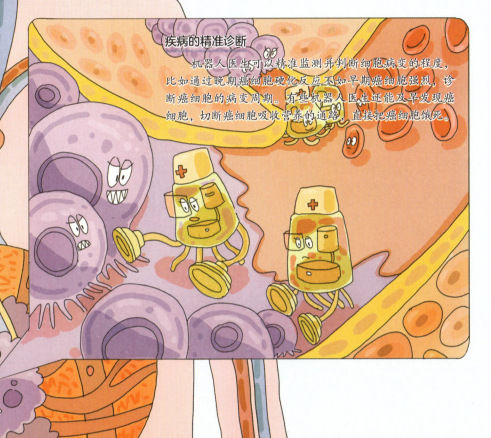

疾病的精准诊断

机器人医生可以精准监测并判断细胞病变的程度,比如通过晚期癌细胞硬化反应不如早期癌细胞强烈,诊断癌细胞的病变周期。有些机器人医生还能及早发现癌细胞,切断癌细胞吸收营养的通路,直接把癌细胞饿死。

纳米机器人为什么可以做医生呢?

我有多重身份!我是纳米科技、生物科技和机械科技的结合,可以在进入人体后完成健康检查、疾病治疗、手术修复等精细工作。

❶ 我配备了高分辨率的三维内镜,可以协助医生突破传统手术的局限,实现无创体内手术。
❷ 我的身体只有细胞大小,可以快速到达人体的任何部位。
❸ 我是纳米精加工的代表,由精密的零件和智能材料构成,可以进行复杂的手术,将操作精确至细胞尺寸级别。

当我们执行完在人体内的任务后,会被不留痕迹地降解,这是我们的终极归宿。

解毒

它们在超声波的推动下在血液中巡逻,追捕细菌和毒素。它们被藏在由血小板和红细胞中提取的混合细胞膜涂层中。在巡逻时,血小板膜负责捕获细菌,血细胞膜负责捕获毒素,它们还是纳米机器人的盾牌,帮助机器人抵挡细菌和毒素的偷袭。

23 未来的美容和健身

爱美之心，人皆有之，未来的人类想要变美、变帅需要怎么办呢？很简单，你只需要有一台具备3D生物打印功能的私人美容仪器。

"面部打印机"的工作流程

扫描分析：蓝光照在脸上，给肌肤做综合分析，如肌肤颜色、瑕疵、皱纹深度等。

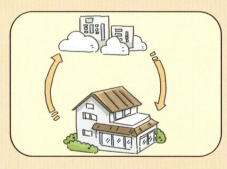

大数据分析：连接云端，通过精确数据分析皮肤状态，定制护肤方案。

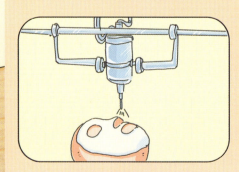

私人定制：通过3D打印面膜，生成最适合的"专属"护肤品。

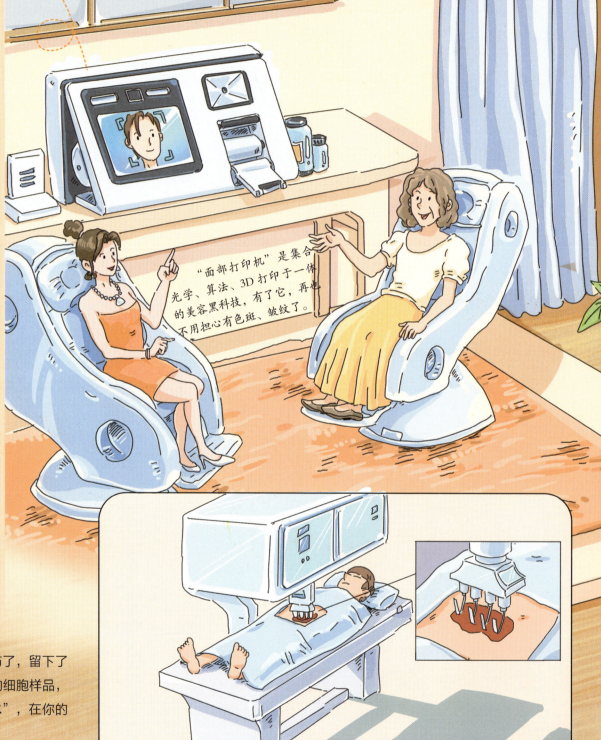

"面部打印机"是集合光学、算法、3D打印于一体的美容黑科技，有了它，再也不用担心有色斑、皱纹了。

它的功能可不止这些，假如你一不小心受伤了，留下了疤痕，3D生物打印机还可以这样帮你：提取你的细胞样品，混合胶原蛋白和纤维蛋白水凝胶制成"生物墨水"，在你的伤口或疤痕处打印出新的皮肤。

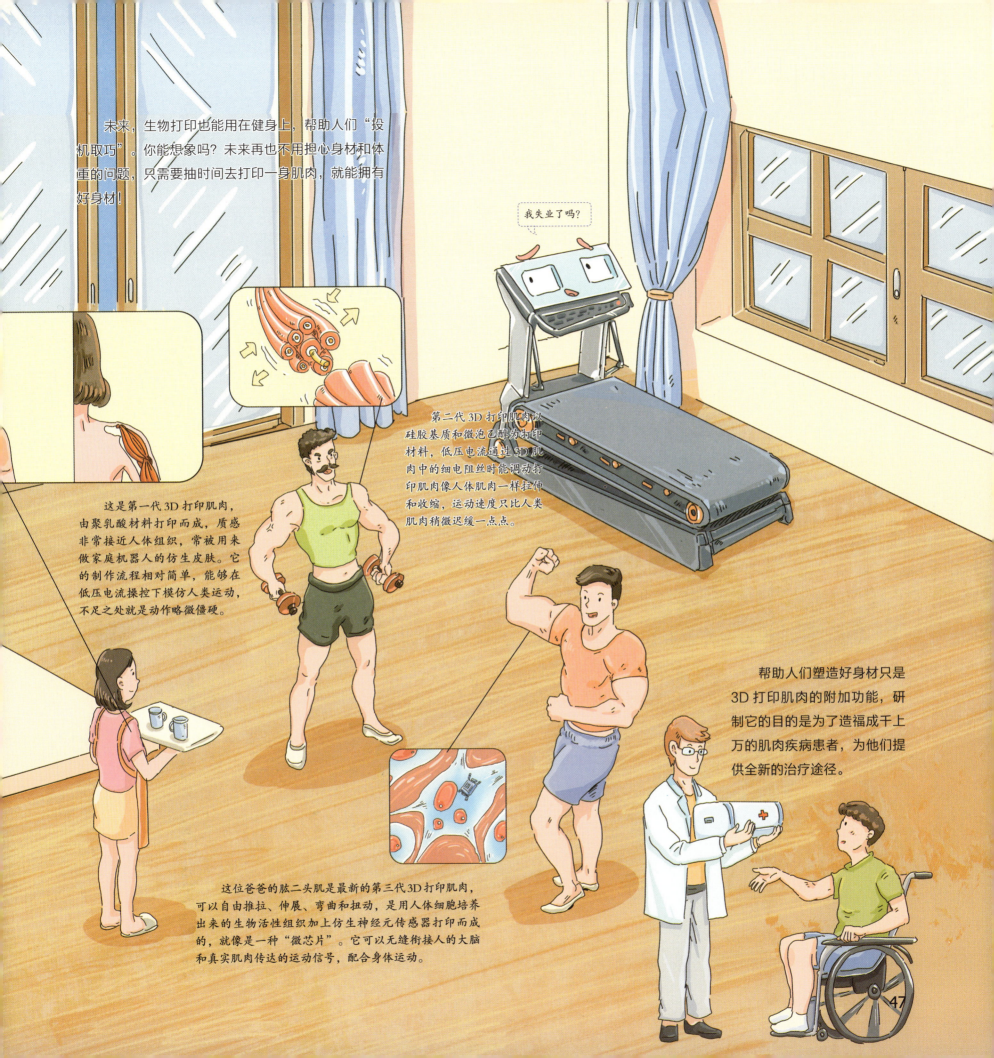

24 脑机接口：用意念控制机械装置

一些科幻电影曾经出现过这样的场景：受伤残疾的主角通过类似外骨骼装置的设备，像正常人一样行动自如，甚至能完成一些普通人做不到的事情。在未来，这种超能力会实现吗？

外骨骼装置工作过程

当人的大脑发出指令时，会通过无线电装置将信号传送到背包中的计算机装置，装置将信号转化为行动命令，传送到机械装置，使腿部做出相应的动作，把球踢起来。

2014年，巴西世界杯的开幕式上，瘫痪的巴西少年穿着一身接驳进大脑的机械外甲，踢出了世界杯的第一球。

少年的双腿包裹着一套外骨骼机械装置，这是由美国杜克大学的神经科学家米格尔·尼科莱利斯教授等人研制的。当少年的大脑发出行动信号时，外骨骼装置会帮他将大脑信号转换成数字化的行动指令，进而命令腿部的外骨骼装置协助少年将球踢出。

少年的外骨骼机械装置能够听从大脑意念控制，多亏了"脑机接口技术"。

什么是脑机接口?

脑机接口,顾名思义,是在大脑和机器之间建立联系,实现大脑与设备的信息交换。当人类思考时,大脑皮层中的神经元会产生微小的电流信号。脑机接口技术就是提取大脑的这些神经元信号,将其转化为控制外部设备的指令。

脑机接口技术分为侵入式和非侵入式两大类。

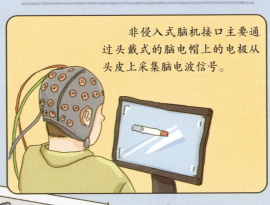

侵入式脑机接口是指在大脑中植入电极或芯片。植入的电极或芯片可以精准地监测到大脑神经元的放电活动。

非侵入式脑机接口主要通过头戴式的脑电帽上的电极从头皮上采集脑电波信号。

通过脑机接口技术,将机械、电子设备与大脑相连,可以帮那些因外伤或疾病致残的人们再次获得行动能力。科学家还在研究用它做更多的事,比如拓宽人们的感知和行动能力,更深入地探索世界。人们或许可以用脑电波远距离控制大大小小的机械装置,比如遥控飞艇,甚至与他人分享思维和感觉,形成以大脑为基本单元的网络系统。

25 培养皿里长出了器官

你听说过器官移植吗?当身体的某个器官发生不可挽回的病变时,可以通过移植健全器官来替代损坏器官。

器官移植最早的记载可以追溯到古希腊,发展至今,已经成为现代医学最成功的进展之一。然而,器官移植也面临诸多问题,如配型难以寻找、手术后的排斥反应等。

为了解决这些问题,科学家们试图从病人体内提取细胞,在体外培养成器官,从而减少病人的痛苦,类器官就这样应运而生了。

类器官并非新鲜事物,早在100多年前,就有科学家尝试在体外培养活的动物组织和器官。

近几年,随着诱导多能干细胞、三维细胞培养等技术的发展,科学家们成功在培养皿中培育出了脑、肠道、肾脏和视网膜等迷你器官,在结构和功能上越来越接近真实的人类器官。

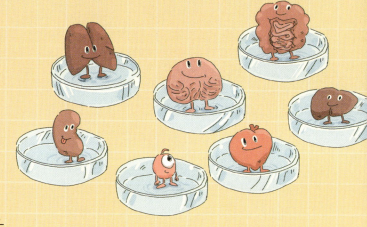

培养皿中培育出的各种迷你器官和组织

细胞神奇的自组装能力

科学家们发现,一些特定器官或组织的细胞群体在被"打散"后,可以自发重组,形成和原来器官类似的组织结构。

这一超能力被发现后,科学家们就尝试在培养皿中培养细胞,然而随着对细胞微环境概念的逐渐了解,人们发现最初培养的细胞是二维的。这样培养的细胞生理状态和活性与体内细胞并不完全一致,实验结果常常与动物实验和临床试验结果相矛盾。因此,科学家又开始致力于研发模拟体内环境,让细胞能够向各个方向自由生长的三维细胞培养技术。

细胞培养的"种子选手"干细胞

在细胞培养实验中,科学家们发现了一种"万能细胞"——干细胞。它没有经过分化,也没有任何特殊的结构或功能,但可以变成人体中的任何一种细胞。

所以,干细胞就成了培养体外类器官的"种子选手"。利用人的干细胞在培养皿中培养出来的类器官是一种三维的微器官,与来源组织和器官高度相似,既能够让我们更好地理解生物发育,还能成为研究疾病的模型,提高治愈概率,具有不可估量的应用价值。

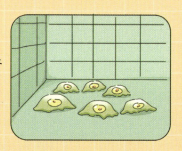

二维细胞: 细胞沿培养皿的表面生长。

三维细胞: 利用支架材料模拟体内的组织结构作为支撑,使细胞在三维空间成长。

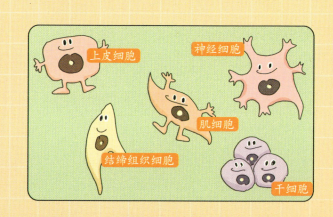

类器官发展一览表

1907年,分离的海绵细胞在培养皿中成功再生。

1950年,被破坏的鸡胚细胞重新自组织生成原有结构。

1981年,从小鼠胚胎中分离出多能干细胞。

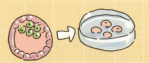
1998年,首次从人的囊胚中分离和培养出胚胎干细胞。

2008年,用干细胞培养出类似大脑皮层结构的分层球体。

类器官的培养过程

❶ 通过核磁共振得到器官三维影像,构建立体模型。

❷ 提取干细胞组织,用离子溶液或紫外线使其固定。

❸ 将干细胞组织放在培养皿里培养,等它长成类器官。

培养体外器官最理想的地方

受重力的影响,培养皿中的组织往往会长成扁平状,而不是立体结构。科学家们猜测,没有地心引力的太空或许是培养体外器官的理想地方。或许有一天,宇航员将干细胞带入太空,等返回地球的时候就长成一颗完好的心脏。

类器官实验

类器官培养的目的之一是把培养出来的人体器官移植到病人身上。

任何医疗手段在临床应用之前都需要反复在活体上进行实验,小鼠是最常用的活体实验模型。

小鼠是最常用的实验模型。

2019年,首个利用实验鼠培育人类脏器的实验申请在日本获得批准,开始实施。

研究人员计划首先对提取的实验鼠受精卵进行基因修改,让它无法正常生成自身的胰脏;然后向受精卵中植入人类诱导性多能干细胞(iPS细胞),培育含有人类细胞的"动物性集合胚";之后再将其移植回实验鼠的子宫。理论上,胎鼠长大后会拥有由人类iPS细胞生成的胰脏。

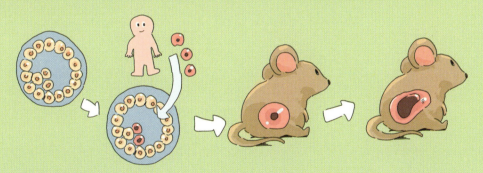

然而,这类实验有很多弊端。

首先,让人类细胞在另一个物种体内生长并不容易。

其次,老鼠胚胎内可能会有人类细胞,此前,出于伦理层面考虑,含有人类细胞的动物胚胎生长禁止超过14天。日本的这个实验目前也只是开展有关iPS细胞的研究,暂未将老鼠胚胎移植进子宫。

实验室培养皿中培养出来的还只是微型"类器官",在体积和结构上与人的器官仍有很大差距,未来还有很长的路要走。不过,这些类器官的出现为器官移植提供了新的发展方向。或许有一天,人类将实现器官"定制"和"修补","长生不老"不再是梦!

2009年,用实验鼠的干细胞培养出具有肠道绒毛和隐窝结构的类器官。

2011年,培养出人类肠道类器官。

2012年,用人的多能干细胞培养出视网膜类器官。

2013年,成功培育出人类大脑、肝、肾、胰等类器官。

2020年,培育出首个人类自组织心脏类器官,可自主跳动且能自我修复。

26 未来人类的寿命问题

生活条件和医疗卫生状况的改善让人类的寿命一直在增加。从早期智人的平均寿命不到20岁，到如今的平均寿命超过77岁。2.0时代，人类依然会为寿命问题想破脑袋。不管多么想永生，人类寿命都是有极限的，这个极限被一个叫端粒的DNA序列控制着。

端粒在细胞染色体两端，干细胞分化成具体的个体细胞时出现。

海弗里克极限

1961年，美国的生物学家伦纳德·海弗里克在实验中发现，人体细胞在分裂52～60次后就会停止。按正常体细胞平均每2.4年分裂一次的周期来计算，人类寿命的极限为124～144岁。

细胞每分化一次，端粒长度就缩短一次。当端粒短到无法再分化时，生命体就要离开这个世界了。我们就把端粒长度叫作生命时钟吧！

如何突破极限，延长寿命呢？

方法1 激活端粒酶，让端粒变长

端粒酶在细胞中负责端粒的延长，活化的端粒酶会将细胞分化时损伤的片段填补起来，从而使端粒延长，个体细胞的老化也就被延缓了。

科学家们已经从中草药黄芪中分离出一种名为TA-65的分子，它能够增强端粒酶的活性，从而保护端粒。

自由基是氧在人体内新陈代谢产生的物质，它的活性很强，可与任何物质发生反应。自由基可以帮助我们抵御疾病，但过量的自由基会导致癌症与老化（自由基越多，细胞膜通透性越低，酶和DNA会遇到大麻烦，细胞会衰老），所以自由基也被称为"恐怖分子""减寿基因"。

那么，自由基有没有克星呢？

有的。科学家们在藜（lí）芦、葡萄、花生、虎杖、决明等多种植物中发现了一种名为"白藜芦醇"的天然多酚，它能够抗自由基、抗氧化，在对抗癌症和免疫调节等方面有显著的作用。

如果能有效利用白藜芦醇的这种特性，实现帮助人体对抗自由基的目的，那么人类的健康长寿之路就能更平坦了。

这是一个老生常谈的话题，健康的生活方式能够延缓衰老，让人长寿。所以要每天多吃蔬菜和水果，多做运动，保持健康的心态。

新的研究成果发现，某些生活方式的改变能显著提高人体免疫细胞中端粒酶的活力，从而提升端粒的完整性和长度。

德国科学家在对388位百岁老人与731位年纪较小者的基因组成进行比较后发现，百岁老人组频繁出现一种名为"SIR2"的变异基因。这种可以使人类寿命延长的变异基因就被称为"长寿基因"。

科学家们尝试在酵母菌、线虫和果蝇等生物体内加入额外的SIR2基因，发现酵母菌细胞的寿命增长了30%，线虫的寿命延长了50%，果蝇的寿命也有所延长。

未来如果可以在人体内加入这种额外SIR2基因，那么是否也会延长人的寿命呢？

活得太久会忘事儿吗？

等到22世纪，人们依靠科技手段战胜了诸多疑难杂症，也顺利接入了长寿基因，生活变得越来越美好，寿命也许超过了120岁，甚至200岁。那人们会变成"老糊涂"吗？

别担心，科学家早就开始了防止记忆力退化、阻止大脑衰老的"脑科学计划"。

除了前面提到的"脑机接口技术"，通过设备追踪大脑神经元信号，辅助记忆和理解；科学家还找到了一种"DNA数据存储"方法，可以让数字信息在单一DNA分子中储存百万年。当DNA变成信息存储器，存储的信息甚至还能传给下一代，数据不会丢失，想忘事儿都难！

那200岁的我们，会不会因为脑内信息过多而超负荷呢？存储器需不需要定期杀毒、升级？这些麻烦就留到下一个100年去解决吧！

27 人类太空工程

⑤ 太阳帆开始运行

④ 折叠的帆板展开

③ 进入轨道后，调整角度

② 火箭送入既定轨道

宇宙太阳帆

太阳帆是利用太阳光压进行宇宙航行的一种航天器。最初是开普勒提出的一个猜想，俄罗斯、美国、日本和中国都进行过太阳帆的相关实验，并取得了一定进展。

① 水下发射

平衡物

太空电梯的概念最早由俄罗斯宇航先驱康斯坦丁·齐奥尔科夫斯基在1895年提出。他设想在地面建起一座直达地球静止轨道的高塔，通过缆绳与地面连接起来，塔顶是"天空城"。

目前全球已有数个"太空电梯"项目正在进行，你眼前这座太空电梯是日本大林组2012年提出的建造计划。他们计划在2025年开始建造，于2050年前竣工，每个电梯舱能坐30人，单程只需要7天时间。

太空电梯

电梯舱

缆绳的材质一直是太空电梯最大的难题。太空电梯的缆绳需要从地面直达太空，需要又长又结实的缆绳才能起到固定顶部平衡物的作用。目前，最被看好的是在1991年发现的碳纳米管，强度为钢铁的数十倍，不仅不受辐射的影响，质量也很轻。但以现有水平最多只能做出3厘米长的碳纳米管，科学家们正在改进技术加快建设进程。

碳纳米管

奇思妙想：自从美国宇航局公布了"捕捉小行星"设想后，也有人提出捕捉一颗小行星作为太空电梯的平衡物，你觉得这个方案未来会实现吗？

赤道　基座　电梯　平台　小行星

你不知道的太阳帆小秘密

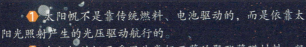

① 太阳帆不是靠传统燃料、电池驱动的,而是依靠太阳光照射产生的光压驱动航行的。
② 太阳帆的帆面采用非常轻而薄的聚酯薄膜材料,坚硬异常,表面涂满了反射物质,反光性极佳。
③ 改变帆面与太阳的倾角就可以调整太阳帆的速度。正常运行中的太阳帆帆面与太阳一般呈90°角。
④ 太阳帆是目前极具可能到达太阳系外的航天器,是未来深空探索和星际航行的发展关键。

各国关于太阳帆的故事

2001年,第一个太阳帆"宇宙一号"在俄罗斯发射,由于火箭故障分离时"粉身碎骨",未能进入轨道。

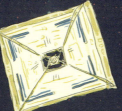
2010年,日本研制的"伊卡洛斯号"成为世界上第一艘成功留在太空中的太阳帆。

2013年,美国计划发射最大的太阳帆"光帆一号",2015年升空后不久坠入大气层。改进后的"光帆2号"于2019年升空,成为第二个成功运行的太阳帆。

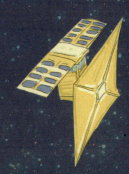
2019年,中国科学院沈阳自动化研究所研制的"天帆一号"太阳帆成功升空,在轨验证了多项太阳帆关键技术。

太阳能塔

受昼夜交替、大气层反射、天气状况等因素影响,到达地面的太阳辐射只是总辐射量的极小部分。为了获得更多的太阳能量,科学家提出"天基太阳能"计划。也就是在外太空建造太阳能发电站(由卫星或太阳帆叠加而成的太阳能塔),收集能量后通过激光或微波等无线传输方式将电能传回地面。

在外太空建太阳能发电站是一个巨大的挑战,但带来的好处不可估量。既可以减少化石燃料的使用,缓解大气污染;轨道上太阳能塔的阵列还有遮阳效果,减少照射到地面上的太阳光线,在一定程度上缓解全球变暖的趋势。

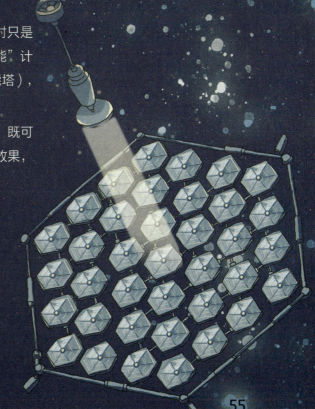

比起建在太空中的太阳能塔,澳大利亚的这个计划就"脚踏实地"多了。没错,他们准备建造的太阳能塔是一个地面高约1000米的太阳能风力发电站,外形就像一个巨大的烟囱,利用太阳辐射加热空气发电。热空气以每小时55千米的速度上升,穿过涡轮时产生电能,可以全年不分昼夜地工作。

28 未来的太空旅行

未来的人们很多工作会被人工智能替代，人们有更多的时间去旅行，而到太空中旅行成为旅行的大热门。

1. 人们会怎样到达太空？

传统的运载火箭可以将人们送上太空，不过更多的太空旅行者选择尝试新兴的太空电梯开始自己的太空旅游。

人们会乘坐休眠式的椭圆形电梯舱到达位于地球静止轨道上的太空站，这是太空旅行的第一站。旅行者们可以先在太空站观看一下可爱的地球，再乘坐太空飞行器游览月球、火星，或探访其他太阳系中的行星。

经过一段时间的太空旅行后，人们再由太空电梯返回地球。

2. 人们在太空中住在哪里呢？

未来的人们在太空中建成了各式各样的太空旅店，选择哪个太空旅店好呢？跟着科学家们一起来看看这些太空旅店吧！

银河系大景观太空酒店

这座太空酒店内部空间就大得多了，被分成多个独立空间，有专门的运动、休息、用餐、娱乐等区域。不过，这里的运动方式和地球上可不一样，在微重力影响下，所有的动作都好像是电影里的慢动作。

在这里可以看到比地面上看到的更为清晰的宇宙大景观。酒店每90分钟就能环绕地球一周，一天可以观看到十多次日出。

经济型太空旅店

经济型太空旅店的面积很小，只相当于一个普通大厅的大小，里面是叠放的几间太空舱卧室。旅店的外壳是航空级ABS环保材料，有独立的新风系统负责太空舱内的空气置换。游客需要被固定在高弹力支撑的太空床上休息。

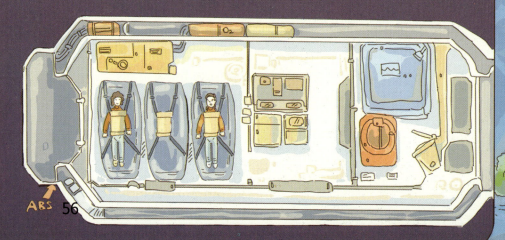

3. 星际旅行的交通工具 —— 太空飞行船

好不容易来了趟太空，不得好好转转嘛！这时候，太空飞行船就派上了用场。

这是一种用高分子纳米材料建造的太空飞行船，可以抵抗恶劣的太空环境，保障旅行者的人身安全。

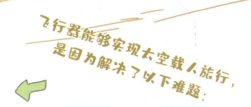

飞行器能够实现太空载人旅行，是因为解决了以下难题：

❶ 燃料问题。飞船有类似"太阳帆"的设计，能提供持续稳定的动力。

❷ 路线问题。未来会在固定的太空航线上发射多颗卫星建立导航系统。

❸ 安全问题。太空中的高速飞行怎么保证旅行者的生命安全呢？飞行器中有专业抗压、抗辐射服和安全的休眠舱，旅行者们需要在休眠状态中度过一段旅程。

虽然前进的速度不快，但只要朝着正确的方向坚持不懈地努力，总有一天我们会飞出太阳系，去更广阔的宇宙空间旅行。

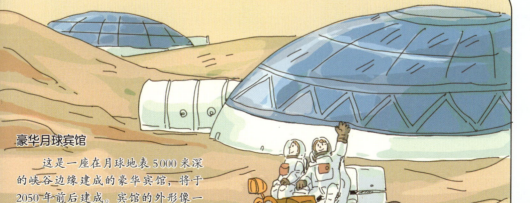

豪华月球宾馆

这是一座在月球地表5 000米深的峡谷边缘建成的豪华宾馆，将于2050年前后建成。宾馆的外形像一个超大锅盖，宾馆里购物、娱乐、健身场馆应有尽有。不只月球，很多星球上都准备建起这样的豪华宾馆，星际生活越来越值得期待了。

29 月球尘埃中藏着超强能量

假如月球上真的住着嫦娥和玉兔,那她们一天得打扫好多遍屋子。

尘埃是个不讨喜的小家伙,它会让我们身边的环境变脏,还会诱发许多呼吸道疾病。在月球上就更过分了,月球上没有大气,地面往上一米左右悬浮着大量的静电尘埃。探测器和宇航员登陆月球时首先要受到月球尘埃的"洗礼",飞扬的尘埃颗粒还会给宇航员、航天器及在月球上工作的仪器带来极大的伤害。

月球尘埃(月尘)是什么?

月尘是月球的常住居民,是直径只有20微米的微小颗粒。它们虽然微小,杀伤力却很大,在太阳风带电粒子流的冲击下,基本上都带有静电,长期悬浮在月球表面。月球表面一旦有动静,月尘便飘起,经久不散。

然而,最近科学家们却发现,这些不讨喜的月球尘埃里藏着许多的宝藏。

藏在月球尘埃里的宝藏

1. 科学家们在月球岩石中发现了地球上的全部元素和60多种矿物,其中一些是地球上没有的。

2. 月球尘埃中带有静电,是不是可以用来发电呢?不过比起用月尘发电,在月球上建太阳能发电站似乎更有前景。

3. 月球尘埃中含有丰富的氦-3,它是未来核聚变的主要原料。

4. 月球尘埃中含有不少氧化物成分,可以转换成氧气供在月球基地的人们使用。

月球尘埃造氧气

月球的土壤中有大量的二氧化硅、氧化钙、氧化铁等含氧物,可以采用高温电解的方法把月尘中的氧化物还原成氧元素成分,再通过催化剂造出氧气,以供月球上的人们活动和植物生长之用。

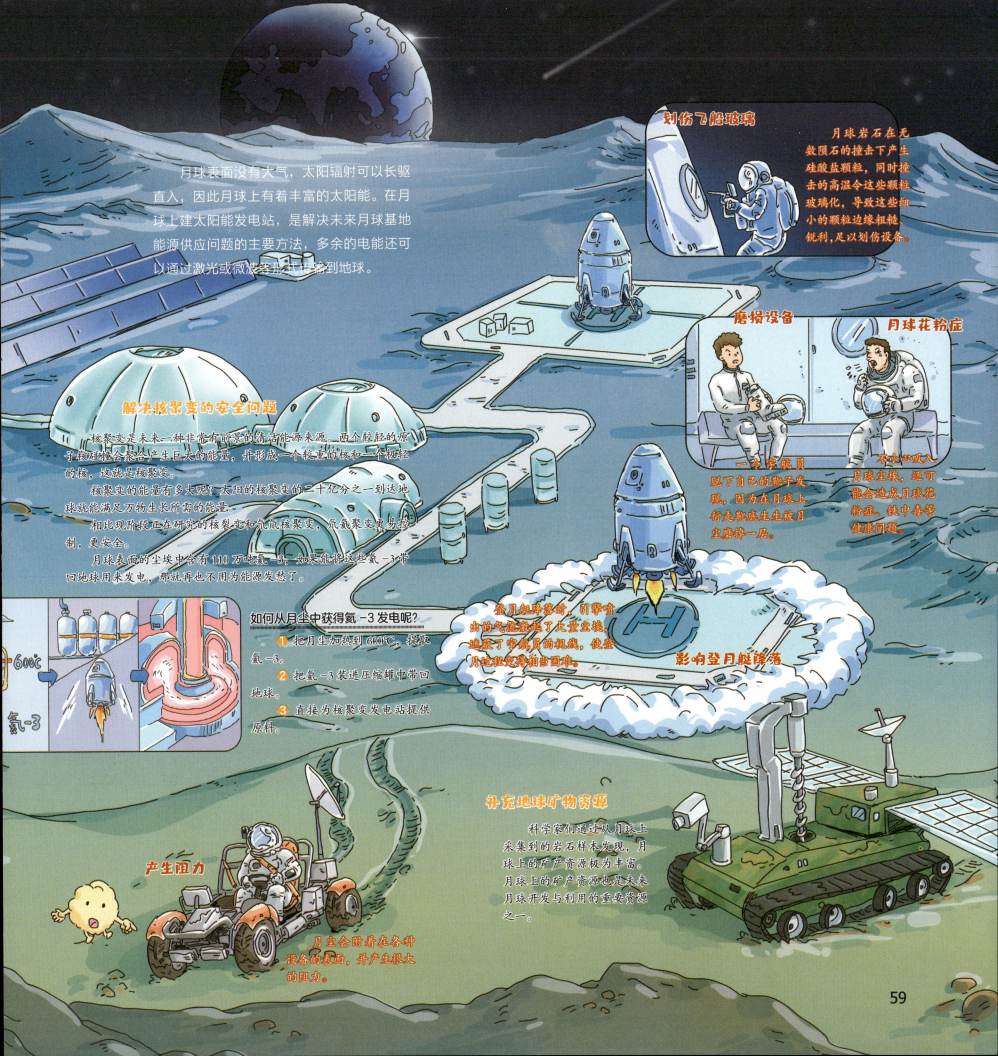

什么是类地行星？

类地行星，顾名思义，就是和地球很像的岩石行星，一般有以下特征：

1. 距离恒星（比如太阳）比较近，质量小、平均密度较大、地表温度较高。
2. 大小与地球差不多，外表是岩石构成的（不像类木行星，多为气态巨行星）。
3. 类地行星大部分是金属核心，地核多是以铁、镍等为主的液态金属。
4. 类地行星的内部结构是层状的，最外层是硅酸盐成分的地幔。
5. 类地行星地表、地貌复杂多变，一般都有峡谷、山峰、陨石撞击坑和火山。

为什么要寻找类地行星呢？

因为有与地球相似条件的类地行星，就有可能有外星生命的存在。除了试图与外星文明交流外，也为了寻找"第二地球"，应对逐渐恶化的地球环境，拓展适合生命繁衍的空间。

30 探访更多类地行星

太阳系内的类地行星有水星、火星、金星和地球。而在太阳系外，人们也找到了许多颗类似地球的岩态行星。现在，我们的行星探险小分队即将出发，分别去探访这些类地行星。

金星是地球的姐妹星，然而这颗姐妹星脾气火爆，动不动就火山喷发。金星的大气层是以一氧化二氮为主的有毒气体。厚厚的大气层让金星源源不断地吸收热量，成为太阳系中最热的行星。没有几个航天器在靠近金星后还能幸存，安全起见，我们拍几张照就撤了吧！

小分队 1 派出无人探测器，向着太阳方向行进，飞掠金星，拜访水星。

金星

水星

金星和水星在内太阳系区域，因为靠近太阳，温度较高，且地表环境恶劣，不适宜人类登陆，所以此次拜访的小分队成员是一组探测器。

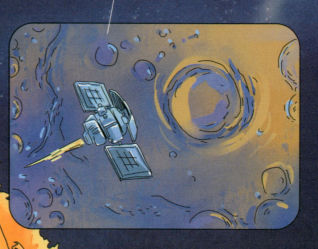

水星表面有很多环形山和陨石坑，在北极地区的陨石坑中还发现有冰的存在。

因为距离太阳最近，高温加上自身引力不足，导致水星只有稀薄大气层。所以水星性子急冷急热，白天太阳直射时温度达到430℃以上；到了夜晚，稀薄大气留不住热量，气温直降到–190℃以下。

稀薄大气加上极端气候，让水星成为"生命禁区"。

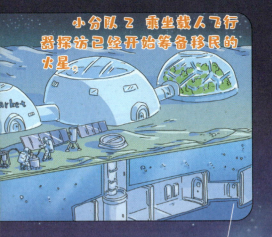

小分队 2 乘坐载人飞行器探访已经开始筹备移民的火星。

火星为什么有希望建城市进行移民呢？因为火星与地球同处于太阳系的宜居带中，是地球"近邻"之一，有与地球相似的昼夜交替和四季轮换，大气层中能提取出氧气，地表岩层中还发现了水的存在！

火星冻土层中有大量的水冰，融化后足以填满几百个青海湖。在火星南极冰层下，雷达还探测出了液态湖的存在。

密闭保护罩：在火星大气改造完成之前，火星城市的居民需要生活在保护罩里，以避免有毒气体和来自太空的辐射伤害。

火星花园：这个设施太重要啦！它不仅是绿化设施，还能提供食物和氧气。

地下工程：因为火星地表时常有大沙尘暴，所以很多基础设施建在了地下，就像一个个蚂蚁洞。

海王星

天王星

地球

火星

木星

土星

小分队 3 星际探测器向着太阳系外出发，拜访系外的类地行星。

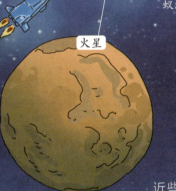

苔丝

开普勒

近些年，通过空间望远镜和勘测卫星等航天器，在太阳系外也发现了非常多的类地行星。最著名的就是格利泽581c了。它位于天秤座，与地球相距约 20.5 光年，恰好在红矮星格利泽 581 的宜居带内，地表温度为 0~40℃，和地球很接近，很可能存在液态水。

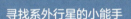

寻找系外行星的小能手
——"开普勒"和"苔丝"

世界上首个用于探测太阳系外类地行星的飞行器，以德国天文学家开普勒的名字命名，2018 年燃料耗尽后退役。目前，凌日系外行星勘测卫星"苔丝"接替了它的工作，继续寻找系外类地行星。

去往太阳系外的行星探险小分队带上了一个特殊的任务：寻找外星人！想知道他们在探访系外类地行星时有没有发现外星人，请看后面的部分！

还有哪些适合生命生存的类地行星？

适合生命生存的首要条件是位于所在恒星系的宜居带，也就是与中央恒星的距离适宜，表面平均温度能够使液态水长期稳定存在，像地球一样具备生命诞生和繁衍的环境条件。以下这些都是科学家们发现的可能有生命存在的类地行星——

开普勒 452b：在距离地球 1400 光年之外，直径约为地球的 1.6 倍，它所在的恒星系有一颗与太阳十分类似的恒星。据 NASA 观察，开普勒 452b 的公转周期是 385 天，很可能拥有大气层和液态水。

开普勒 -22b：距地球大约 600 光年，直径是地球的 2.4 倍，这颗行星有温室效应，表面平均温度为 22℃。与地球的相似程度超过了 95%，也被称为地球的孪生兄弟。

比邻星 b：位于半人马座，距离地球约 4.2 光年，是离太阳系最近的类地行星。比邻星 b 在红矮星比邻星的宜居带内，理论上是可以存在水和生命的。

61

30 和外星人交朋友

前面我们说到，寻访类地星球的目的之一就是探访地外生命，那么太阳系外的这些类似地球的行星上有没有生命存在呢？是智慧生命还是单细胞生物？如果有，是会和我们成为朋友，还是敌人？

有没有外星人？

早在 1974 年，科学家们就用阿雷西博射电望远镜发射过一段二进制代码，也就是"阿雷西博信息"，其中包含人类 DNA 结构、太阳系结构和望远镜本身信息等，希望能被潜在外星文明接收到。

在此后的几十年里，地球人类不断向太阳系外发送信号。但……始终没有被回复。

要么没有外星人，要么可能存在技术壁垒，它们接收到信号也理解不了！

创造出"阿雷西博信息"的天文学家法兰克·德雷克还提出了一个用来计算银河系中可能与地球接触的高智慧文明数量的"德雷克公式"，并坚定地认为与外星生命"接触"在不远的未来是无可避免的。

可能存在的外星生命假想图

类似恐龙的智慧生物
这是一种很像恐龙时代飞行恐龙的智慧动物，它们长着长长的触角，会发出"嘶嘶"的叫声，当它们的触角和地球人类接触时，"嘶嘶"声瞬间变成了地球人类的语言。

半机械化的暴躁生物
这是一群脾气暴躁的智慧生物，探险队员刚落地就被它们当成敌人攻击。但幸好它们是一群半机械化的生物，其中一个探险队员机智地接入它们脑内的植入芯片，传递了友好访问的意图，双方化敌为友啦！

随意变换外形的可爱生物
这是一群可以随意变换外形的生物，当它们感知到外星访客的到来后，为了表示友好，它们将外貌变成了从探险队员意识中读取的可爱芭比形象！队员们也愉快地接受了邀请，在这里和外星生物一起观看了这个星球上奇特的三重落日美景。

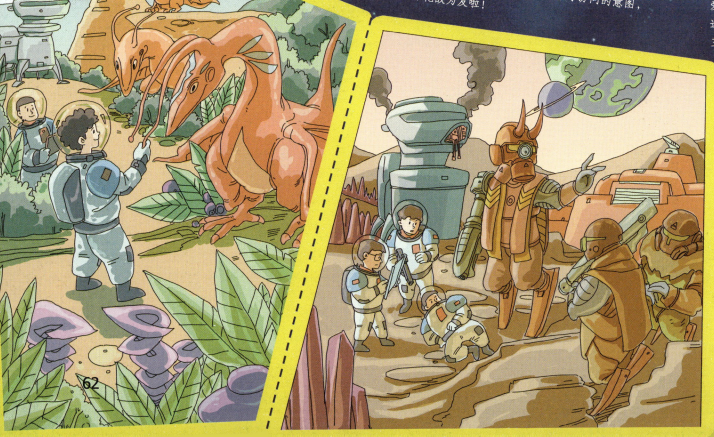

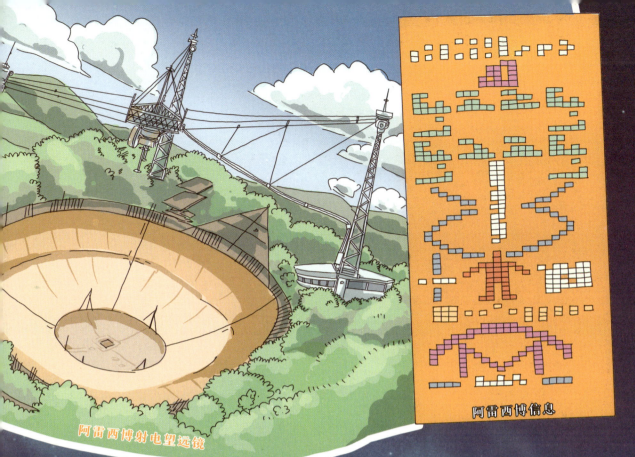

阿雷西博射电望远镜

阿雷西博信息

宇宙生物的文明等级

其实这是一种设想，在1964年，苏联天文学家卡尔达肖夫提出用能量级把宇宙文明分为三个量级：Ⅰ型文明、Ⅱ型文明、Ⅲ型文明。

Ⅰ型文明利用故乡行星可用的能源。地球上的人类目前处于接近但尚未达到Ⅰ型文明阶段。

Ⅱ型文明完全开发和利用故乡行星围绕的恒星（类似太阳）的所有能量。

Ⅲ型文明利用所在星系群（类似银河系）的所有能量。

处于Ⅱ、Ⅲ型阶段的文明和外来文明沟通不成问题！

未知的电波信号

队员们在返回途中，接收到一段未知的电波信号。根据距离测算，这段电波有可能是从开普勒452b星球发出的。是又一处地外文明要和人类建交，还是传递给人类的其他消息？期待探险队员解读之后揭晓。

单细胞生物

这个行星的表面全是水，温度奇高，探险队员在这里并没有发现外星人的存在，但在从水和水下岩石提取的样本中发现了类似地球"嗜极生物"的单细胞生物。也许在不久的将来，这里会走上类似地球的生命演化之路。

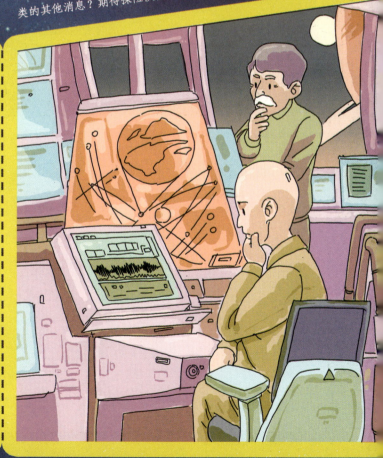

32 神奇的虫洞之旅

人类在探访太阳系外的类地行星并和行星上的生物相遇后，无意中开启了神奇的"虫洞"之旅。

我破解出了外星人给我们发来的信息，它们说是在距离我们不远的天鹅座星系中心有一个可以完成时空旅行的虫洞。

那我们还等什么呢？

亲爱的银河系客人，你们好！

恭贺你们顺利完成探险，踏上返航之旅，了解到你们归心似箭，这里提供一个友情帮助：经过多年探测和试验，我们发现在天鹅座星系中心有一个可以完成时空旅行的虫洞，并且我们已经捕捉到足够的"负能量"可以帮你们打开通往银河系中心黑洞的通道。祝你们归程愉快！

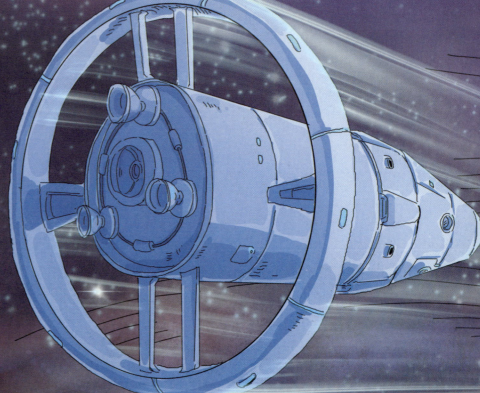

虫洞在哪里？

物理学家霍金认为，虫洞存在于周围空间与时间的裂缝中，当技术条件成熟时，人们能够找到虫洞的位置，并用负能量把虫洞裂缝扩大加固，就可以穿越时空了。

2020年8月，一项由俄罗斯天文学家领导的研究表明，虫洞或许存在于明亮的星系中心，因为那里正是科学家们预测的超大黑洞的"栖身之所"，与黑洞极其相似的虫洞也许就在其中。

虫洞是什么？

虫洞是连接两个不同时空的桥梁，物体可以通过这座桥梁瞬间进行时空转移。虫洞也被称作"爱因斯坦－罗森桥"，它是在20世纪30年代由爱因斯坦和纳森·罗森在研究引力场方程时提出的一种假想。

穿越虫洞需要的准备工作：

① 高能探测器，能够观测到虫洞产生的伽马射线，确定它的位置。

② 高耐热材料，保证飞行器穿越虫洞时内部不会受高温炙烤。虫洞接近活跃星系的中心，那里温度奇高。

③ 大量的负能量，穿越虫洞需保持虫洞始终打开，并结构稳定，保证让飞行器通过。

负能量是什么？

负能量是物理学中低于真空零点能的能量。负能量可以充当打开虫洞的"钥匙"，并帮助虫洞保持稳定。由于负能量可以产生排斥的力，如果把足够的负能量放置在虫洞的通道周围，它就能抵消虫洞自身的引力，防止虫洞坍塌。

结束语：我们的虫洞之旅到站了，未来的星际旅行、虫洞穿越会有你的贡献吗？我想一定会的！那未来还会有什么奇妙的事情发生呢？让我们一起拭目以待吧！

版权专有 侵权必究

图书在版编目（CIP）数据

孩子读得懂的未来简史 / 黄晶著；张宇绘. -- 北京：北京理工大学出版社，2022.3
ISBN 978-7-5763-0857-0

Ⅰ. ①孩… Ⅱ. ①黄… ②张… Ⅲ. ①未来学—少儿读物 Ⅳ. ①G303-49

中国版本图书馆CIP数据核字（2022）第019574号

出版发行 /	北京理工大学出版社有限责任公司
社　　址 /	北京市海淀区中关村南大街5号
邮　　编 /	100081
电　　话 /	（010）68914775（总编室）
	（010）82562903（教材售后服务热线）
	（010）68944723（其他图书服务热线）
网　　址 /	http://www.bitpress.com.cn
经　　销 /	全国各地新华书店
印　　刷 /	唐山才智印刷有限公司
开　　本 /	787毫米×1200毫米　1/12
印　　张 /	6.5
字　　数 /	90千字
版　　次 /	2022年3月第1版　2022年3月第1次印刷
定　　价 /	78.00元

责任编辑 / 李慧智
文案编辑 / 李慧智
责任校对 / 刘亚男
责任印制 / 施胜娟

图书出现印装质量问题，请拨打售后服务热线，本社负责调换